# ORIGINE

ET

TRANSFORMATIONS

# DE L'HOMME

ET DES AUTRES ÊTRES

# ORIGINE

## ET

## TRANSFORMATIONS

# DE L'HOMME

## ET DES AUTRES ÊTRES

---

### PREMIÈRE PARTIE

INDIQUANT

LA TRANSFORMATION DES ÊTRES ORGANISÉS, LA FORMATION DES ESPÈCES
LES CONDITIONS QUI PRODUISENT LES TYPES, L'INSTINCT
ET LES FACULTÉS INTELLECTUELLES, LA BASE
DES SCIENCES NATURELLES, HISTORIQUES, POLITIQUES, ETC.

PAR

## P. TRÉMAUX

**Chevalier de la Légion d'honneur**
**Membre de plusieurs Académies et Sociétés savantes**
**Lauréat de l'Institut, etc.**

---

## PARIS

### LIBRAIRIE DE L. HACHETTE ET Cⁱᵉ

BOULEVARD SAINT-GERMAIN, Nº 77

### 1865

rent ; c'est assez dire que ce qu'on nous enseigne n'est guère satisfaisant.

Nos souvenirs historiques sont si peu de chose en comparaison de la prodigieuse longueur des époques qu'accuse la géologie, que nous n'avons réellement qu'une méthode à suivre pour nous éclairer : remonter des effets présents aux âges passés, en suivant les indications paléontologiques.

En me trouvant en Égypte, au pied de ces monuments que la plus haute civilisation a couverts d'hiéroglyphes, il me sembla qu'ils appartenaient à l'histoire moderne, en comparaison des seuls phénomènes récents qui encadrent ces monuments. En effet, les couches de limon du Nil qui enterrent leur base, comparées à celles qui sont au-dessous, montrent qu'avant leur fondation il s'était déjà écoulé des périodes considérablement plus longues depuis que le Nil a commencé à déposer son limon. Les couches de grès horizontales et taillées en falaises qui bordent ce fleuve font voir que ses érosions, probablement plus puissantes jadis, à moins qu'il n'y ait eu soulèvement progressif, ont antérieurement creusé cette vallée. Les érosions, en se portant tantôt à droite, tantôt à gauche, ont atteint jusqu'à trente kilomètres de largeur sur cinquante ou soixante mètres de profondeur.

En franchissant ces plateaux, on trouve principalement sur le Mokatam de vastes forêts pétrifiées dont les innombrables troncs brisés, souvent à peine disjoints, semblent étaler à nos regards rêveurs la richesse végétative qui a couvert ce pays à une époque géologique antérieure aux effets que nous venons de signaler. Dès lors, combien cette antiquité monumentale se rabaisse devant cette simple comparaison géologique, qui pourtant n'appartient qu'à une époque relativement récente !

L'antiquité égyptienne perdit infiniment de son attrait pour moi ; par cette seule comparaison et mes idées remontant plus haut, c'est l'homme primitif qui avait animé la terre avant d'avoir atteint cette vieille civilisation, cependant déjà si avancée, qui devint l'objet de mes préoccupations.

Pourtant ces hiéroglyphes avaient encore leur utilité; car ils nous confirmaient d'autres traditions qui accusent un mouvement des peuples s'avançant de ce pays vers la Nigritie.

Qu'étaient devenus ces peuples de l'Orient répandus en Afrique? Ma route était tracée, je me dirigeais précisément vers le Soudan; mais comment les reconnaître? La chose me semblait si difficile, que parfois j'écartais ces idées comme offrant des difficultés insolubles. Pourtant un grand ensemble de phénomènes vint frapper mon attention et me ramener plus fortement à ces préoccupations d'origine qui avaient si souvent éveillé ma pensée.

Je vis que plusieurs circonstances tendaient à accuser la transformation des peuples qui s'étaient avancés de l'Orient, vers le centre de l'Afrique. J'en fis l'objet d'un chapitre spécial 'dans mes relations de voyage; mais comment en fournir la preuve avec des données hiéroglyphiques et des traditions qui laissaient trop de vague dans leurs indications. Il me fallait des faits indubitables, positifs, il fallait rechercher la cause même de ces transformations pour les rendre palpables et certaines. Ce fut en vain que je la cherchai.

Néanmoins, assez longtemps après mon retour, on me conseilla de communiquer mes remarques à l'Académie des sciences à titre de simples observations de voyage; je m'y décidai. Durant ma première lecture, j'entendis certaines exclamations d'étonnement. Puis en tête de l'extrait qui en fut donné dans les comptes rendus, M. Flourens mit une sorte d'apostille insolite, peu encourageante.

Cette espèce de doute n'était pas agréable, j'étais moi-même convaincu par mes propres observations; mais quelle était la cause de la transformation des hommes ? Il me fallait démontrer l'effet par la cause pour convaincre les autres.

Pendant les quelques jours qui suivirent, je fis de nouveau une multitude de recherches. Peu avant le jour où je devais continuer ma lecture commencée à l'Académie, mon attention fut ramenée plus vivement sur le grand fait du parallélisme de la perfection du sol et de celle des êtres. Si ces deux grands faits sont la conséquence l'un de l'autre, comme cela paraît si naturel, les différents terrains à notre époque doivent aussi avoir une influence directe sur l'état actuel des êtres. Démontrer ce fait, c'était établir la loi cherchée. Mais les choses ne sont pas aussi simples qu'elles le paraissent. Les effets du sol se compliquent d'autres effets qui dissimulent son action. D'abord le soulèvement des terrains, ainsi que les formations de couches géologiques ne correspondent pas ou ne correspondent que très-imparfaitement à l'apparition des espèces. Ensuite, depuis que l'on décrit les races d'hommes, on n'a cessé de les distinguer en trois grandes familles par rapport à la couleur : les blancs, les jaunes, les noirs, et l'on ajoute même quelquefois les rouges. On prend ainsi le caractère le moins important, une nuance de l'épiderme, pour grouper les hommes ; et si l'on cherche à appliquer la loi dont nous venons de parler, on trouve que chacune de ces grandes catégories réside sur toute espèce de sol.

Il en est de même pour une autre influence secondaire. Les espèces sont en général confinées sur chacune des grandes divisions continentales ; l'homme seul les occupe toutes et comme il vit des autres espèces végétales et animales propres à chaque région, il en résulte aussi pour lui une influence qu'il fallait encore dégager de celle du sol.

Pour les animaux, il fallait également dégager l'action du sol des conditions de vie, qui, pour chaque espèce, ne tiennent souvent qu'à l'existence ou à la non-existence de telle plante qui la nourrit. Pour les végétaux, liés au sol par leurs racines, on conçoit qu'ils en dépendent directement; mais les conditions climatériques, plus puissantes sur eux que sur les animaux et les barrières naturelles circonscrivent leur habitat. La grande loi si simple, en apparence, était donc en réalité fort compliquée et fort dissimulée.

Une fois ces premiers points éclaircis, la part des influences secondaires dégagée, le problème se simplifiait.

N'étaient-ce pas ces conditions de sol si variées, si compliquées, qui embrouillaient l'écheveau ethnologique d'une manière si bizarre? Une suite de comparaisons géologiques et ethnologiques succédèrent immédiatement, elles se confirmaient! Je continuai ces recherches, toujours même confirmation. J'étais sur la voie de la vérité, le charme était rompu! Les faits se présentaient si bien, que dès le surlendemain, je donnai devant l'Académie les preuves de la transformation par la coïncidence des types et de la nature géologique du sol.

C'était un grand point, un très-grand point; mais il restait encore une sorte de barrière. Pourquoi les êtres sont-ils distingués en espèces? Pourquoi le fil des transformations est-il ainsi rompu, tranché de temps à autre pour chaque catégorie d'êtres, et cela, d'une manière si nette qu'on regarde ces distinctions comme étant d'ordre primordial. Ici nouvelles recherches; pourtant elles ne furent pas longues. A l'objection qui m'en fut faite, je répondis presque comme si jamais chose n'avait été mieux connue, mieux expliquée. Cette fois c'était sans grande difficulté que je venais de reconnaître et dévoiler « un grand mystère » : « *Le secret de la formation des espèces.* »

Ce sujet que j'avais à peine effleuré dans un cinquième mémoire, fit l'objet de la sixième communication que je fis à l'Académie. Mais il restait encore incomplet et je repris en conséquence ce travail avec plus d'ensemble pour en faire le sujet de ce volume et dégager les principes si nets qui en résultent, des idées antérieures qui se contredisent mutuellement.

La loi de coïncidence du sol et des types, que nous allons d'abord exposer, est simple comme toutes les grandes lois de la nature. Si elle n'a pu être connue plus tôt, c'est qu'en outre des causes que nous venons de signaler, elle varie à l'infini dans ses applications et qu'elle combine ses effets avec d'autres lois, particulièrement celle de la formation des espèces. Il était donc important de découvrir ces lois en même temps pour comprendre le mécanisme de l'ensemble.

Depuis les temps les plus anciens, on avait reconnu l'influence du sol sur les êtres animés comme sur les végétaux. A notre époque, un grand nombre d'auteurs en ont parlé; on a même cherché par l'analyse du sol quelle pouvait en être la cause; nous examinerons plus loin ces quelques travaux.

En accordant au sol une certaine influence sur les êtres, on ne faisait que répéter avec divers développements les observations d'Hérodote. Mais tous ne voyaient dans ce résultat qu'une simple cause modificatrice. Pourtant Hérodote lui-même ne faisait que renouveler ce qu'avaient dit implicitement les législateurs hébreux en formulant ces paroles : *Dieu forma l'homme du limon de la terre!...* Tout est contenu dans ces quelques mots.

Lorsqu'on ajoute que Dieu est un esprit, qu'il n'a ni couleur, ni figure et qu'il ne peut tomber sous nos sens; c'est assez dire que l'œuvre divine ne saurait être comparée à celle de l'homme ni avoir une marche analogue.

Quelques savants tels que Aristote, Épicure, Lucrèce, de Maillet, Lamark, les
Geoffroy Saint-Hilaire et Darwin ont pressenti la marche qu'avait dû suivre la création. Mais n'ayant pas découvert la cause
du perfectionnement des êtres, ni celle de
la formation des espèces, ils ne pouvaient
démontrer leurs idées qui sont restées à
l'état d'hypothèses.

Si quelques hommes de génie affirmaient
ce principe, cent voix contre une le niaient
ou formulaient des objections. Parmi ces
opposants, le plus grand nombre était sans
valeur, ou n'était mû que par de fausses
préoccupations théologiques. Pourtant il en
était d'autres qui faisaient de sérieuses objections. Si les êtres se transforment graduellement, disaient-ils, pourquoi les espèces sont-elles distinctes? Pourquoi la
paléontologie ne nous montre-t-elle pas
entre ces espèces, d'innombrables formes
de transitions? Pourquoi ne voyons-nous
pas de nos jours s'opérer de ces change-

ments? Pourquoi tant d'êtres dégénèrent-ils au lieu de prospérer? etc., etc.

La cause de la transformation, du perfectionnement et du groupement en espèces n'était pas seule à trouver; il fallait encore éclaircir le pourquoi de toutes ces difficultés.

Outre ces objections sérieuses, il en était d'autres, qui s'appliquaient avec raison aux suppositions aventurées par lesquelles on cherchait à expliquer cette transformation. Tel est le rôle attribué par M. Darwin aux effets combinés de ce qu'il nomme l'*élection* et la *concurrence vitale;* contre lesquelles M. Flourens a protesté avec raison, bien que l'œuvre de M. Darwin soit intéressante à plus d'un titre.

Aujourd'hui plusieurs écoles sont en présence; l'une voit avant tout le progrès continu dans les êtres; l'autre lui oppose la dégénérescence dans un grand nombre de cas; une troisième ne voit que la fixité et veut par conséquent autant de centres de création qu'il y a de types suffisamment caractérisés. Ces idées se partagent le monde, et c'est le désaccord qui règne en maître dans la science.

Nous verrons plus loin que chacune de ces écoles, prenant la partie pour le tout, a fondé sa théorie ou ses hypothèses sur quelques-uns des aspects, ou l'une seulement des faces de la question. De là le désaccord le plus absolu.

D'après l'état actuel de la science, voici ce qu'il s'agissait d'éclaircir. M. de Quatrefages, qui a apporté un grand esprit de conciliation entre les différentes écoles et accordé une sérieuse part d'influence à l'action des milieux, pose le problème en ces termes : « Dans tous les êtres vivants, « l'espèce est soumise à une double action, « d'où résultent deux ordres de faits accu- « sant, les uns une tendance manifeste à « la stabilité, les autres une tendance non « moins évidente à la variation. A quelles « causes faut-il faire remonter cette dou-

« ble action? C'est là une question que se
« sont posée de tout temps les plus sérieux
« penseurs, les plus grands physiologistes
« depuis Aristote et Hippocrate jusqu'à
« Burdack et à Muller. »

En quoi consiste donc cette mystérieuse
loi qui produit tour à tour la fixité, la variation, le progrès, la dégénérescence?

Le voici :

# PREMIÈRE PARTIE

## I

## ÉNONCÉ DE LA GRANDE LOI
### DU PERFECTIONNEMENT DES ÊTRES.

————

LA PERFECTION DES ÊTRES EST OU DEVIENT PROPORTIONNELLE AU DEGRÉ D'ÉLABORATION DU SOL SUR LEQUEL ILS VIVENT! *Et, le sol est en général d'autant plus élaboré, qu'il appartient à une formation géologique plus récente.*

Grande loi, si simple qu'il n'est pas un cultivateur qui ne considère comme une naïveté de dire : Tel sol, tel produit.

Grande loi, si puissante, si vaste dans

ses effets, qu'elle régit le monde, qu'elle va éclairer l'histoire, la politique, les sciences naturelles, nous conduire à l'origine des êtres et nous affirmer leur développement proportionnel à celui des couches du sol, etc., etc.

Grande loi qui, en nous dévoilant un passé infime, nous révèle un avenir sublime!

II


## REMARQUES PRÉLIMINAIRES.


Mais il ne suffit pas d'énoncer, il faut prouver.

Pour cela, nous allons passer en revue le globe et montrer que partout la perfection des êtres est proportionnée à celle du sol sur lequel ils vivent. Ensuite nous suivrons les peuples émigrants pour montrer qu'ils se sont transformés selon cette même loi.

Disons d'abord que quelques autres causes agissent d'une manière accessoire, telles que les *différences* de température qui ont une certaine action sur les plantes, moins sur les animaux à sang chaud et très-peu sur l'homme qui sait en outre se préserver de ses excès. On sait d'ailleurs que la chaleur et l'humidité sont deux éléments indispensables à la manifestation de la vie, et que dans les causes acces- soires il ne peut être question que des excès en plus ou en moins de ces élé- ments.

Remarquons aussi que deux causes sont en présence ; l'action du sol qui *diversifie* selon sa nature, et le croisement qui *unifie*, ainsi que nous l'expliquerons titre VIII.

D'après les exemples que nous avons sous les yeux, la transformation des êtres d'un ordre supérieur demande un assez grand nombre de siècles ; elle s'opère plus promptement pour ceux d'un ordre inférieur. Le croisement, au contraire, unifie les êtres qui y sont soumis en très-peu de temps, puisque le premier croisement seul donne un type intermédiaire entre les progéniteurs. Si quelques individus se croisent avec un nombreux groupe appartenant à une autre race, il suffit d'un petit nombre de générations, pour qu'ils se fondent ou s'unifient avec ce groupe.

Partant de là, nous voyons que les races produites par des natures de sol de faible étendue, ou fortement entrecoupées comme en France, en Italie, en Grèce, sont plus exposées aux croisements que celles produites par de grandes surfaces d'un même sol. En outre les échanges des produits alimentaires se font d'une manière assez sensible entre des pays voisins. Les contrées limitrophes n'offriront donc que des différences de types peu prononcées; c'est-à-dire mitigées par les croisements et les mélanges de produits. Les secondes offriront au contraire des types plus conformes à celui que comporte la nature du sol. Nous voyons ainsi pourquoi les habitants des terrains primitifs de l'Auvergne, de la Bretagne, du Morvan, entourés par de meilleurs terrains, ne sauraient avoir le même type que ceux qui habitent les immenses surfaces de terrains primitifs de la Laponie, de la Nigritie, etc.

Remarquons aussi que la déformation des traits et le changement de teint, ne dépendent pas des mêmes causes; puisque l'on voit des peuplades très-noires ayant de beaux traits et de l'intelligence, tandis qu'on en voit d'autres dont les traits déformés sont alliés à un teint clair.

Dans chacune des nuances qui se partagent le globe, les teints les plus foncés se trouvent vers l'équateur; ce qui nous montre l'action indubitable du soleil. Cette action se manifeste aussi sur le règne végétal; les plantes qui croissent blanches dans l'obscurité se colorent à la lumière. Une autre cause du teint nègre paraît due à l'alternative de la chaleur et de l'humidité qui résulte des pluies tropicales ou du voisinage des eaux. Toutefois ces causes ne sont pas les seules qui soient en jeu, puisque différentes nuances se manifestent selon les pays : jaune dans l'extrême Orient, rouge dans une grande partie de l'Amérique, noire en Afrique, blanche en Europe.

Mais la coloration, chez l'homme, comme chez beaucoup d'animaux, n'est que le petit côté de la question ; chez l'homme le teint est le résultat d'une très-faible modification de la peau. Celle-ci se compose de trois couches : le *derme*, qui est le vrai cuir ; un réseau muqueux cellulaire ; et l'épiderme qui recouvre le tout. Ces trois couches sont entièrement semblables dans toutes les races, à la seule exception du *pigmentum* ou liquide contenu dans les cellules microscopiques de la couche muqueuse et qui se colore diversement selon les pays. Cette différence d'aspect du nègre au blanc tient donc à bien peu de chose et n'a aucune influence sur la constitution et les facultés.

Le grand côté de la question est celui qui touche aux types physiques si divers qui régissent les facultés de l'homme. C'est celui qui va nous occuper. A ce sujet nous avons encore une distinction à faire : l'homme se nourrit de différentes espèces végétales et animales particulières à chacune des grandes divisions continentales. De là paraît résulter un ensemble de physionomies propre à chacune de ces divisions et même une certaine corrélation de forme, mais elle n'empêche nullement l'action du sol de se dessiner nettement sous cette influence particulière.

Le type de l'homme correspond d'une manière très-remarquable à celui de la formation géologique ou mieux encore à la qualité du sol sur lequel il est établi. Que l'homme vive sur les terrains primitifs des régions équatoriales de la Nigritie ou des régions glaciales de la Laponie ou bien encore dans les régions primitives des pays plus tempérés, des Nilghéries, des régions montagneuses du Brésil ou des Andes; la déformation des types est toujours des plus prononcées. L'homme non-seulement porte en lui-même son foyer de chaleur, mais son intelligence lui permet en outre de se garantir dans une certaine mesure des excès de température. La plupart des animaux portent également en eux leur foyer de chaleur; mais ils restent néanmoins plus fortement soumis à l'influence du climat et leur habitat est plus restreint. Certaines espèces ne vivent que dans les climats pour lesquels elles sont conformées. Quant aux plantes, sous le rapport de la température, elles dépendent beaucoup plus du climat, n'ayant pas en elles un foyer sensible de chaleur. Dans ce cas, l'influence du climat, comme celle des besoins ou conditions de vie, combine plus fortement son action avec celle du terrain.

On voit par ces remarques que c'est sur

l'homme que l'influence du sol doit s'accuser de la manière la plus indépendante.
C'est donc sur lui que nous allons faire
porter plus particulièrement nos remarques.

III

## COÏNCIDENCE UNIVERSELLE

### DES TYPES AVEC LA NATURE DU SOL.

Si nous prenons d'abord ce qu'on appelle
la race indo-européenne, répandue en
Europe et dans une partie de l'Asie,
nous voyons qu'elle n'offre le même type
qu'autant qu'elle demeure sur un même
sol, mais que ses types sont au contraire
très-dissemblables, lorsque le sol diffère
beaucoup lui-même.

Ainsi cette race est belle dans le sud et

l'ouest de l'Europe, dans la Géorgie, la Circassie, la Perse, où le sol, richement entrecoupé, laisse prédominer les terrains les plus récents. Dans l'Inde, quand le terrain le comporte, on trouve d'assez beaux peuples; mais dans sa péninsule, qui présente de grandes étendues de sol primitif, le peuple change très-nettement. C'est ainsi que dans les Nilghéries, région primitive, soumise à une saison pluvieuse, on trouve des peuples ayant la peau noire et la laideur du singe dont on leur a donné le nom. Et, ce qu'il y a de très-remarquable, c'est que dans la même péninsule, sous la même latitude, près de Bombay, on voit un des types les plus beaux, les plus nobles du monde. Aussi le sol appartient-il à des terrains récents, lesquels se relient à des terrains volcaniques qui ne doivent pas être confondus avec les terrains anciens, témoin entre autres l'île de la Réunion qui contient un peuple noir, mais d'un beau type. Cette noble race de l'Inde ne doit pas être attribuée à une migration récente ; car, en comparant le type des basses castes avec celui des bas-reliefs des temples d'Éléphanta, dont nous possédons les documents photographiés, on voit que ces types se ressemblent et ont toujours appartenu à la même région. Cette contrée, étant en quelque sorte protégée par l'incapacité des peuples qui l'entourent, nous montre une fois de plus que la civilisation se développe d'abord sur les points où les peuples trouvent en même temps fertilité et sécurité.

La chaîne de l'Himalaya se compose en grande partie de granit, gneis, gypse et pics volcaniques ; elle renferme de belles et fertiles vallées, où ses glaciers entretiennent l'humidité et une végétation parfois des plus vigoureuses ; aussi ses populations sont-elles très-variées. Mais les documents sont insuffisants pour préciser en même temps la nature du sol et les types correspondants.

Déjà dans l'antiquité, les Perses et les Mèdes étaient réputés par leur beauté. Aujourd'hui, malgré les changements survenus, les mêmes types appartiennent toujours aux mêmes contrées. Chacun connaît la belle physionomie des Persans; les Orientaux, en peuplant leurs sérails de Géorgiennes et de Circassiennes, nous disent assez que les deux versants du Caucase n'ont pas dégénéré de leur antique réputation. Ces contrées renferment en effet un heureux mélange de terrain. Mais pour peu qu'on s'en éloigne, chez les montagnards Kourdes, où dominent les terrains anciens, on trouve de grandes bouches aux lèvres épaisses, de petits yeux et une expression sauvage qui contraste avec la noblesse de leurs voisins. Les Alains qui sortaient d'une région comprise entre le Caucase, le Tanaïs (Don) et la mer Caspienne, sont décrits par Ammien Marcellin comme une race analogue aux Germains; cette contrée offre effectivement un terrain récent, comme celui de la Germanie. Aujourd'hui les Abkazes ont le type propre au pays ; mais les Kalmouks, venus dans ces régions depuis moins d'un siècle, ne l'ont pas encore.

Le type germain comprend les Scandinaves du Danemark, les Pays-Bas, le Nord de la Belgique situés sur un même sol. Il se montre aussi en Alsace, en Franche-Comté et même en Bresse où l'on voit de petites zones d'un terrain analogue. Pourtant il ne comprend pas le centre et le sud de l'Allemagne ; c'est qu'en effet le terrain y est différent.

Les Bohèmes et les Serbes offrent le type slave le plus caractérisé. Dans l'un et l'autre de ces pays dominent les terrains anciens. Les Serbes d'ailleurs sortent d'un terrain de même formation, situé entre le Donetz et le Dniéper. Les autres Slaves, dit-on, sont plus ou moins mêlés de races diverses ; mais si nous consultons le sol, nous voyons qu'ils sont simplement dans d'autres conditions géologiques.

La Hongrie forme au centre de ces régions un pays composé de terrains récents; aussi hommes et animaux y sont-ils supérieurs, et un proverbe de ce pays dit : « Hors de la Hongrie, on ne vit pas, ou si l'on vit, ce n'est pas ainsi. » La ceinture de terrains plus anciens qui circonscrit ce pays, explique suffisamment le dicton.

La carte géologique de l'Europe nous montre que la plus grande surface de terrain primitif correspond à la Laponie et à la Scandinavie. Les Lapons sont aussi le peuple le plus inférieur. En revenant vers le sud, les peuples qui entourent le golfe de Bothnie, de même que les Norvégiens, jouissent d'une multitude de rivages, de lacs, de mers, de bois, contenant de nombreuses zones de sol favorable, propre à modifier la nature généralement ancienne du pays. Il est à remarquer, en outre, que les Suédois n'habitent ce pays que depuis une époque moins reculée et que ce sont eux qui ont refoulé dans le nord les Lapons, anciens possesseurs d'une grande partie de ces contrées. Il est donc possible de les considérer comme n'étant pas encore complétement transformés. D'ailleurs les modifications qu'ils ont subies sont d'autant plus évidentes que les fractions de ces peuples qui ont demeuré dans les provinces danoises qui jouissent du même sol que l'Allemagne du nord, bien que non limitrophes ont aussi acquis un type allemand très-prononcé qu'on ne retrouve pas sur les autres natures de sol.

La Russie possède en grandes surfaces divers terrains assez anciens tels que ceux de l'âge palézoïque à l'ouest, les terrains carbonifères et triassiques au centre et jurassiques dans sa partie nord. Ces terrains étant d'un âge ancien, ses populations sont aussi médiocrement partagées. Et, ce qu'il y a de remarquable; c'est que les peuples slaves qui ont dépassé le bassin du Niémen pour pénétrer en Russie, sont déjà en grande partie transformés, ce qui fait dire à leurs anciens compatriotes du sud-ouest, qu'ils sont abrutis par le gouvernement des czars.

Si nous nous reportons aux contrées qui sont dans de meilleures conditions géologiques, nous y remarquons en général tout l'Occident et le sud de l'Europe et plus particulièrement la France, l'Italie, la Grèce, une partie de l'Allemagne, le sud-est de l'Angleterre et la partie orientale de l'Espagne. C'est en effet là que dominent et la civilisation et les facultés intellectuelles. C'est aussi dans ces régions, que tour à tour, selon les circonstances qui ont favorisé tel ou tel État, on a vu, tantôt l'un, tantôt l'autre de ces États, tenir la tête de la civilisation.

Tout ceci nous montre que les types ne correspondent pas à ceux des régions indo-européennes dont on les fait sortir, mais bien à la nature du sol sur lequel ils vivent depuis un temps suffisant pour amener leurs transformations.

Dans l'extrême Orient, les documents géologiques sont rares. Pourtant nous savons par notre dernière expédition, que les environs de Pékin offrent des terrains récents; l'un des membres de cette expédition paraît même avoir considérablement exagéré la promptitude de formation actuelle des alluvions. Des terrains d'une grande fertilité s'étendent fort loin au sud de cette capitale. C'est dans ces régions que l'on trouve le plus beau type mongol, les Chinois y sont intelligents et ils ont la peau claire. Nous connaissons des terrains primitifs, près du lac Baïkal et dans les régions élevées d'où sort l'Iéniseï. C'est là aussi que nous voyons les types les plus caractérisés, les plus déformés.

L'Australie nous offre des circonstances dignes de remarque. Depuis longtemps, les plus anciens voyageurs qui touchèrent à ce pays, décrivirent ses populations comme les plus disgraciées de la nature. Ce pays étant isolé au milieu de l'Océan, fortement séparé des autres continents, on considérait sa population comme ne devant appartenir qu'à une même race disgraciée. Si quelques étrangers y avaient été jetés par accident, ils avaient dû se fondre avec la grande masse de cette population. Aussi, quel ne fut pas l'étonnement général, quand de récents voyageurs déclarèrent avoir rencontré dans ce pays des populations assez belles et intelligentes. Les premiers récits de cette nature ne furent pas crus; cela ne devait, ne pouvait être. De nouvelles descriptions vinrent pourtant les confirmer; il fallut bien se rendre à l'évidence; alors on ne vit rien de mieux que de taxer d'exagération les premiers récits; on ne voulait pas sortir de ce qu'on appelait la race australienne. Si les premiers voyageurs avaient exagéré la laideur de son type, il fallait revenir à une plus juste appréciation. Parce que ce continent est isolé au milieu des mers, on ne pouvait pas supposer plusieurs races de populations.

Aujourd'hui le voile tombe, différents voyageurs ont aussi recueilli des documents géologiques. En comparant ces données avec les divers types de populations; on voit que les premiers explorateurs touchèrent principalement au périmètre de ce continent qui est en grande partie formé de montagnes primitives et qui renferme des peuples très-arriérés. Les colonies qui s'y établirent, les voyageurs qui ont récemment traversé ce continent, reconnurent de meilleurs terrains, des plaines plus récentes et par conséquent trouvèrent des populations moins arriérées, plus intelligentes.

En effet, lorsque l'on considère que ce pays est grand comme les deux tiers de l'Europe; on comprend facilement qu'il y a place pour diverses natures de sol et assez de distance entre les populations, pour que le croisement ne tende que faiblement à les unifier.

Les différents rapports des voyageurs se trouvent ainsi expliqués et conciliés.

A propos de la race papoue, les documents géologiques sont presque muets; seulement nous voyons ces régions composées d'îles ou de continents étroits et montueux, qui ne représentent, on peut le dire, que les sommets des régions immergées. Comme les sommets élevés appartiennent en général aux terrains les plus anciens, cela peut, à défaut de mieux, donner la raison de la laideur des types papous, que les explorateurs nous représentent surtout comme des peuples retirés dans les montagnes. Il est bien entendu que cette observation générale ne préjudicie en rien pour celles de ces îles qui contiennent de bons sols ou des terrains volcaniques; et nous savons qu'il en existe à Java, à Célèbes, à Florès, etc.

Chacun sait que l'Afrique septentrionale

contient d'assez beaux peuples, faiblement brunis. Si nous examinons la formation géologique de cette zone africaine, nous voyons en effet qu'elle est avantageusement composée. L'Égypte offre des terrains récents dans des conditions toutes particulières. Ce pays présente d'un bout à l'autre un même sol d'alluvion, encadré de déserts soumis partout aux mêmes phénomènes, aux mêmes alternatives d'inondation et de sécheresse et donnant les mêmes récoltes. Ce même milieu doit nécessairement produire un même type, si ce type est réellement le produit du milieu. En effet, Hippocrate comme les modernes observateurs a constaté la grande unité du type en Égypte. Tripoli est moins bien partagée, moins généralement fertile; mais elle offre pourtant d'assez grandes surfaces de bon sol. La régence de Tunis est en partie parsemée de montagnes plus ou moins anciennes; mais elle offre des bassins d'une grande fertilité, qui furent jadis, au moyen de barrages sur les rivières, un grenier d'abondance pour Rome. L'Algérie est bien partagée, quoique le manque d'eau s'y fasse sentir sur beaucoup de points. La Kabylie est une région plus montueuse qui offre aussi un type spécial. On le voit, cet ensemble présente les mêmes coïncidences de terrain et de type que les pays que nous avons déjà examinés.

En quittant la haute Égypte pour pénétrer en Nubie, les terrains d'alluvion du Nil sont considérablement réduits et l'on rencontre de temps à autre des zones granitiques. Le peuple aussi a beaucoup plus de rudesse que les Égyptiens. Dans la région sud du désert de Korosko, les terrains anciens se montrent assez fréquemment. A partir d'Abou-Hamed, les pluies commencent à mêler leur action à celle d'un soleil plus vigoureux ; aussi nous y voyons un peuple non nègre, mais d'un teint déjà très-foncé et dont les cheveux ont perdu de leur longueur. Les régions les plus favorisées sont celles de Napata, Méroé et Naga où les terrains plus anciens cèdent la place aux grès, molasse, feldspathique, quartzeux et ferrugineux ; où l'on voit des poudingues (macigno), des calcaires argileux et quelques surfaces de riches alluvions. Ce sont ces pays aussi qui présentèrent les principaux centres de civilisation. Mais bien que cette civilisation ait pour ainsi dire été apportée toute développée de l'Égypte, jamais l'art sur ce sol ne fut aussi pur ni aussi avancé.

Kartoum n'est qu'une Babel moderne de laquelle on ne saurait tirer aucune induction.

Le Sennâr offre entre autres le type Foun qui est comme nous l'avons dit ailleurs très-rapproché de celui des nègres. Pourtant ce peuple n'est pas d'origine nègre, et de plus il habite en partie les bords du fleuve Bleu, qui présentent beaucoup de tuf calcaire et de conglomérat empâté aussi de calcaire tuffeux recouvert d'un sol sablonneux. Entre ces terrains s'interposent quelques riches alluvions qui produisent des forêts d'une grande beauté ; seulement il est à remarquer d'un autre côté que les Foun redescendirent naguère des régions primitives du sud et que dans le Sennâr ils ont encore un pied dans de semblables régions qui se montrent au mont Mouil, que l'on aperçoit depuis les bords du fleuve, double raison pour laquelle le type n'a pu reprendre son ancien caractère. On voit ainsi pourquoi l'on rencontre des villages ou tribus d'aspects très-différents.

Plus haut, vers le Fa–Zoglo, nous avons dit que l'on voyait un peuple arabe ou arabo–berber encore peu déformé. Pourtant les montagnes primitives qui renferment des nègres purs, sont à petite distance du fleuve ; mais aussi ces deux peuples sont complétement étrangers l'un à l'autre. Le premier habite les bords du fleuve, le second ne quitte pas ses montagnes primitives; il y a plus, la nécessité de se défendre contre des voisins plus intelligents l'oblige à occuper non les vallées ou plaines qui entourent ces régions, mais les montagnes mêmes les plus escarpées qui servent de fortifications naturelles. Aussi je ne connais aucun endroit où deux types soient aussi nettement tranchés quoiqu'à une aussi faible distance l'un de l'autre. Hommes et animaux changent en même temps; les moutons au bord du fleuve ont encore de la laine; dans les montagnes ils sont couverts de poil.

M. I. Geoffroy Saint-Hilaire fit de ces remarques l'objet d'une communication à l'Académie et en tira : « La confirmation d'un fait général déjà plusieurs fois signalé dit–il, que le degré de domestication des animaux est proportionnel au degré de civilisation des peuples qui les possèdent. » Ici encore nous trouvons une confirmation de notre loi, en complétant ces remarques qui reposent sur des faits vrais. Et, nous reconnaissons simplement qu'hommes et animaux, habitant un même sol, sont nécessairement arriérés ou avancés au même degré, selon que la formation géologique le comporte.

Si nous examinons la Nigritie, nous voyons cette contrée constituée en très-grande partie par des terrains primitifs qui fournissent des mines d'or, aussi bien à l'occident vers les sources du Niger, qu'à l'orient dans les régions que nous avons visitées. Là le fond des vallées même est composé d'un terrain rougeâtre, contenant des paillettes et des grumeaux d'or, mais surtout en grande quantité des débris de quartz de diverses grosseurs. Cette circonstance rappelle les régions analogues de l'Australie, où l'on trouve en même temps de riches mines d'or et des populations d'un type très-dégradé, et celles de la Californie où l'on voit une population peu favorisée et même plus noire que ses voisines quoiqu'en dehors des tropiques; régions qui, en effet, appartiennent presque exclusivement aux terrains primitifs.

En consultant le voyage de Livingstone, on voit que tout en peignant les habitants du sud de l'Afrique, moins défavorablement que ses devanciers, il signale chez les Bechouana un grand développement des terrains siluriens les plus anciens, chez les Bakaas, des montagnes de basalte noir et des plaines de sable arides. Mais en approchant de la vallée du Zambèse, le sol change et devient fertile et les populations s'améliorent en même temps. En remontant vers le nord, il trouve des pays élevés chez les Balonda; cependant il ne rencontre pas de roches primitives et pas de types réellement déformés.

Sur une carte, planches 83 et 84 de mon deuxième atlas de voyage, j'ai essayé par une multitude de recherches, de déterminer la ligne de partage entre les peuples soudaniens et les vrais nègres. Je suis arrivé non-seulement à une ligne sinueuse, formant à chaque région montueuse, des espèces de promontoires avancés de la race nègre dans le Soudan; mais encore à des sortes d'îlots nègres représentés par les plus gros massifs de montagnes. Aujourd'hui tout cela s'explique très-bien. Ces montagnes appartenant aux terrains primitifs, les habitants sont de vrais nègres; tandis que leurs voisins des lieux bas, qui appartiennent à des terrains moins anciens, ne sont encore qu'en partie transformés.

La formation du sol de l'Amérique est mieux connue; aussi y trouvons-nous des faits les plus remarquables. En prenant par exemple la zone transversale située près du tropique du Capricorne, on voit à l'est, dans des régions élevées et primitives du Brésil, les Batacondos qui « sont les représentants les plus barbares et les moins intelligents du rameau brasilio-guaranien. » Ils occupent, en effet, le nœud principal des montagnes primitives.

En se reportant au milieu du continent,

sous la même latitude, on trouve le riche bassin du Paraguay et du Pilcomayo où dominent les terrains récents; aussi nous lisons ceci dans les descriptions des peuples de ces régions : « Les Abipones du Chaco se rapprochent du type européen, ils offrent de beaux traits, un nez à peu près aquilin, des formes assez bien dessinées, en même temps qu'une nuance de teint claire. Les Chiquitos habitant un pays arrosé et boisé ont une vie sédentaire, un caractère sociable. Les Tobas, nomades de la partie moyenne du Chaco, race belle et nombreuse, ont le nez aquilin, les yeux noirs, droits et non obliques, le teint cuivré clair, leur taille est assez élevée. »

Si de ces belles contrées, nous avançons toujours sous la même latitude, nous retrouvons dans les Andes un sol primitif et en même temps des types les plus laids.

Au Pérou, le voyage dit de P. Marcoy nous montre un ensemble de faits non moins intéressants. En traversant le principal nœud de terrain primitif de la chaîne de montagnes des Andes sous le quinzième parallèle, il y trouve deux peuples: l'un, les Quechuas, occupent le sommet et le versant occidental, l'autre, les Antis, qui vivent sur le versant oriental. Ces deux peuples parlent des idiomes différents, mais se ressemblent quant au type qui est très-difforme. Au pied oriental des Andes, le voyageur suit les contours du fleuve qui l'éloignent parfois à une trentaine de lieues de cette chaîne dans des terrains meilleurs. Alors il trouve un peuple moins laid et plus intelligent, les Chontaquiros; mais quand le fleuve le rapproche de la chaîne, il retrouve le type déformé des Antis. Lorsqu'il voit la végétation s'appauvrir, il n'a, dit-il, qu'à consulter sa boussole, et il reconnaît bientôt qu'il se rapproche des Andes.

Le Brésil qui laisse grandement dominer les terrains les plus anciens, montre en général un peuple déformé, ayant la tête pyramidale et le front étroit. Ces caractères sont encore un exemple de la persistance du même type dans la même contrée; car Lund a trouvé dans les cavernes du Brésil, des crânes humains, associés aux ossements d'espèces éteintes et offrant les mêmes caractères.

Nous avons déjà dit quelques mots de l'Amérique septentrionale, particulièrement des Californiens. Remarquons encore que ces derniers ont quelque ressemblance avec les Esquimaux du nord, comme avec ceux du Labrador quoique très-éloignés et séparés par d'autres régions, mais qui selon toutes les données recueillies occupent un même terrain. Signalons encore les habitants de Terre-Neuve qui, bien que sous la latitude de Paris, sont des sortes de nègres, par cela seul que ce pays est généralement formé par des terrains anciens et soumis à de fortes pluies.

Passant des faits particuliers aux faits généraux, nous voyons que la zone tempérée australe paraît en partie submergée,

comparativement à celle que nous habitons;
que par conséquent les plus faibles parties
de continent qui surgissent hors des eaux
correspondent aux régions les plus élevées
qui appartiennent en général aux terrains
les plus anciens. Il est donc dès lors tout
naturel de trouver la zone tempérée australe occupée par des peuples inférieurs à
ceux de notre zone correspondante. La
même remarque s'applique à la généralité
de l'autre hémisphère et à la plupart des
îles qui sont comme on le sait mal partagées comme type de population. Ainsi se
trouve résolu le grand problème que je me
posais dans mon dernier volume relativement à la différence qui existe entre les
peuples des deux hémisphères. J'applique
cette remarque d'une manière spéciale aux
deux zones tempérées afin de mieux faire
sentir que ce n'est pas de l'effet de la température que résulte la perfection de
l'homme, mais qu'elle se rattache à la perfection même du sol.

Les animaux nous offrent des exemples si nombreux de coïncidence de race avec la nature du sol, qu'il serait superflu de s'étendre beaucoup à ce sujet. Nous allons nous borner à faire remarquer quelques faits que chacun est à même de vérifier.

On sait que les pâturages des terrains récents comme ceux de la Normandie, de l'Ile-de-France, de la Gascogne et d'autres bassins d'un sol favorable, nourrissent de belles races de bœufs et de chevaux; que dans les régions plus anciennes telles que le Morvan, les Marches, la Bretagne, ces mêmes animaux sont plus petits, plus osseux. Ils sont proportionnellement plus vigoureux, plus nerveux, diront les éleveurs; cela est vrai et je ferai la même observation entre les races nègres africaines et beaucoup de races blanches. Bien que les animaux ne puissent guère être appréciés au point de vue des facultés intellectuelles ou d'instinct, il ne faut pas moins considérer ces beaux animaux comme étant les plus avancés.

A propos des espèces végétales, A. de Candolle a établi cette loi ou plutôt a fait les remarques suivantes : aux époques anciennes, les espèces s'étendaient à de plus grandes distances qu'aujourd'hui; leur ère moyenne est d'autant plus petite, qu'elles sont d'un ordre plus avancé.

Ces remarques répondent rigoureusement aux lois du sol. Aux époques anciennes les espèces pouvaient davantage s'étendre, parce que la nature des terrains était plus uniforme. Les espèces les plus avancées, appartenant aux terrains les plus récents, trouvent plus facilement une limite lorsqu'elles rencontrent un sol moins favorable.

Quant aux effets qu'éprouvent les espèces végétales, en passant d'un terrain sur un autre, ils sont tellement connus, qu'il suffit de rappeler ce dicton : Tel sol, tel produit.

Les faits que nous venons d'examiner

sont grandement suffisants pour établir que, dans la modification des êtres, l'action principale appartient au sol. Néanmoins ce rôle principal ayant jusqu'à ce jour été attribué au climat, nous devons à ce sujet faire encore quelques remarques.

L'influence du climat est incontestable; mais elle n'est que secondaire surtout à l'égard du règne animal. On peut le pressentir par ce fait que les créoles d'origine européenne, par exemple, qui sont une fois acclimatés dans d'autres pays, s'y trouvent mieux qu'en Europe, bien que n'ayant pas encore acquis le type propre aux pays où ils vivent.

Un autre fait qui frappe davantage, ce sont les efforts que des esprits supérieurs, Buffon, de Humboldt et d'autres, ont faits pour concilier la similitude de position géographique et climatérique de l'Afrique et de l'Amérique du Sud, avec les différences considérables de leur faune.

Buffon explique cette différence, en di—

sant que l'Afrique équatoriale, à cause de sa largeur, de son manque d'eau, de ses vents « doit être d'une chaleur insoutenable; » de même que la zone nord est déserte en raison de ses sables secs et brûlants. Aujourd'hui que d'importants voyages nous ont fait connaître l'intérieur de ce continent, nous savons qu'au delà de la zone du Sahara, il est généralement couvert de végétation, sillonné de rivières, parsemé de lacs, dont plusieurs sont très-vastes et avec cela on y trouve des montagnes neigeuses; ce qu'on était loin de soupçonner. De plus nous savons positivement que la température de ces régions centrales est très-sensiblement moins élevée que celle du Sahara.

Pourtant, que voyons-nous? Les types de l'homme comme la faune du Sahara, quoique sous un climat extrêmement différent, sont beaucoup plus semblables à ceux de l'Europe que ceux de l'Afrique centrale, dont le climat diffère moins et dont pourtant les types sont les plus opposés. D'où vient ce résultat en opposition avec le climat? Nous en trouvons précisément la cause dans la nature du sol, comme nous l'avons dit.

En Amérique méridionale, mêmes phénomènes. Dans son *Tableau de la nature*, M. de Humboldt, la comparant à son tour à l'Afrique, fait remarquer que la température y est adoucie par les fleuves qui descendent des montagnes froides, par le voisinage des mers, par « le grand nombre de chaînes de montagnes abondantes en sources, dont le sommet couvert de neige s'élève bien au‑dessus de toutes les couches de nuages et font descendre des courants d'air le long de leurs versants. »

Nous voyons encore ici la même contradiction : nous savons parfaitement que les habitants des Andes et des montagnes du Brésil, qui ont le climat le plus rapproché de celui de l'Europe, ont au contraire les types les plus dissemblables; tandis que les habitants des bassins plus chauds du Paraguay, du Pilcomayo, de l'Amazone offrent pourtant les types les plus rapprochés de ceux de l'Europe, comme nous l'avons rappelé. Ici encore, s'il y a contradiction relativement au climat, il y a une remarquable concordance avec la nature du sol.

Une autre circonstance très-digne de remarque, c'est que les grandes zones de formation géologique en Afrique diffèrent peu de parallélisme avec la zone tropicale, dans l'Amérique elles se rapprochent de la perpendiculaire. Eh bien ! perpendiculaires ou parallèles, ce n'est pas avec ces zones tropicales ou climatériques que s'accordent les types; mais bien avec la formation géologique du sol.

IV

## LA COÏNCIDENCE SE MANIFESTE

### MALGRÉ LES CROISEMENTS.

Rien ne serait plus facile que de multiplier encore les exemples, si ceux que nous venons de citer ne paraissaient grandement suffire. Néanmoins, qu'on nous permette après cet examen du tour du monde de jeter en particulier un coup d'œil sur la France dont les exemples sont sous nos yeux.

Nous avons déjà fait observer que les petites surfaces d'un même sol facilitaient

les croisements qui combattent fortement
les différences qui résultent du sol. Pourtant, chacun de nous peut voir des dissemblances de types que l'on reconnaît encore
malgré la division des terrains.

Bien que les basses classes même du Limousin, de l'Auvergne, de la Savoie, comme
les Bohèmes, quittent leurs montagnes primitives pour se répandre périodiquement
dans d'autres pays, profiter de leur meilleur
sol, y contracter des croisements favorables, etc., on reconnaît encore les influences locales, les différences de types y sont
très-sensibles, ainsi que les aptitudes qui
en sont la conséquence.

« Lorsqu'on parcourt successivement
chacun de nos départements, que l'on visite surtout les cantons ruraux, les villages
placés en dehors des grandes routes, dit
M. Maury [1], on est frappé de rencontrer
dans chacun d'eux des types de figures dif-

---

[1] *Annuaire de la Société des Antiquaires de France,*
1853, p. 194.

férents, variant non avec une certaine uniformité, mais paraissant se rattacher aux
populations des anciennes provinces de notre patrie. Il n'est pas besoin d'avoir beaucoup observé pour distinguer de prime
abord un Provençal d'avec un Lorrain, un
Alsacien d'avec un Breton, un Normand
d'un Basque ou d'un Roussillonnais. Ces
populations ont en effet chacune un type
très-réel, très-national, je veux dire très-
provincial; et ce type est tellement persis-
tant qu'il ne s'efface même pas toujours
chez les classes les plus élevées de la société où le mélange est cependant beaucoup plus fréquent. »

Si nous ouvrons une carte géologique,
une autre remarque nous frappe également-
ment. C'est que les anciennes provinces de
France qui se sont groupées, en général,
selon les aptitudes des peuples, ont dans
leurs contours une très-grande similitude
avec les limites de la formation géologique
du sol, lorsque ces limites présentent des

différences suffisamment tranchées. La Guyenne et la Gascogne reposent sur une grande étendue de terrain tertiaire, la Saintonge sur des terrains crétacés, la Marche et le Limousin sur des terrains primitifs, l'Auvergne sur des terrains primitifs et volcaniques, la Bretagne sur des terrains primitifs et de transition, la Touraine, l'Orléanais et l'Ile-de-France sur des terrains tertiaires, l'Alsace, la Bresse sur des terrains quaternaires. Toutes ces provinces, qui présentent une assez grande unité de sol, offrent aussi une égale unité de types. Celles qui présentent plusieurs natures de sol, sont aussi celles qui ont les types les plus variés.

Un des exemples les plus frappants qui accuse la similitude des configurations des provinces avec celle de la formation géologique est celui du grand *pagus Lemovicinus;* la bizarre conformation de ce pays, qui s'étend du centre de la France à l'océan Atlantique, semble calquée sur la composition géologique du sol. Ce fait a frappé M. Deloche qui dit que : Le territoire occupé par les *Lemovices* de l'Armorique a la même constitution géologique que celui des *Lemovices* de l'intérieur, et que les limites véritables de ce dernier nous offrent à leur tour un exemple frappant de la même conformité. Le Limousin et l'Auvergne présentent au centre de la France une masse granitique dont les contours de formation géologique suivent, avec une exactitude digne de remarque, les limites de l'ancien diocèse qui reproduit à peu près la configuration de la *civitas* ou grand *pagus Lemovicinus*.

M. Deloche a reconnu d'après les monuments les plus authentiques, que sous l'occupation romaine et sous les rois de la première race le pays des *Lemovices* s'étendait précisément jusqu'à Thiviers et suivait de l'est à l'ouest vers le Bandiat, au sud de Nontron, les limites du terrain granitique qui forme le Limousin.

Cette division a traversé les orages et les désastres du moyen âge et arrive jusqu'à nous, modifiée quelquefois sur certains points de ses limites, mais par exception seulement.

M. Antoine Passy, de l'Académie des sciences, dans sa *Description géologique du département de la Seine - Inférieure*, page 195, fait la même remarque touchant le territoire boulonnais.

Buffon voyait la dégénérescence de l'homme s'opérer par l'influence des différentes terres et d'autres causes que nous avons aussi signalées comme secondaires.

Dans un *Mémoire d'Agriculture, de l'économie rurale et domestique*, M. J. H. Magne reconnaît aussi cette influence des terrains. Il s'exprime ainsi (p. 244) : « Les dispositions géologiques du sol et la composition chimique des terres arables, le climat et certaines circonstances économiques et commerciales, les déplacements qui en sont la conséquence, sont donc des causes d'où dépend la plus ou moins grande précocité de nos races bovines. Il me paraît plus naturel d'attribuer la manière dont on gouverne les animaux et les produits qu'ils donnent au sol, au genre de culture, qu'à ce que nous appelons constitution, spécialité, aptitude des races, expressions qui doivent être réservées pour désigner des différences de dispositions individuelles. »

Plus loin, M. Magne reconnaît que les pays jurassiques nourrissent de bonnes et robustes races, que telles ou telles autres sont particulières aux terrains tertiaires, que celles des terrains primitifs ou de transition sont petites et maigres, ce qui d'ailleurs est généralement connu. Pourtant, loin d'en tirer la conclusion que ces races dépendent du sol sur lequel elles vivent, il suit une voie contraire dans une brochure plus récente qu'il intitule : *Le croisement peut former les races*. Mais il résulte de son travail même que la race dépaysée est maintenue le plus souvent dans son type originaire « ici par de simples appareillements, là par des croisements de temps en temps renouvelés avec la race croisante, » c'est-à-dire que lorsque le terrain ne convient pas à la race, il faut sans cesse agir par sélection ou par de nouveaux croisements pour maintenir ses caractères, soins superflus lorsqu'il s'agit d'une race fixe. Une véritable loi a d'ailleurs une action générale qu'il n'admet pas en disant : « ce que la nature respecte sur l'homme, l'homme peut le détruire sur les animaux. » Pourtant hors des lois naturelles, l'homme ne peut que modifier temporairement.

M. Chéruel, en prenant possession de sa chaire de géographie à la Faculté des lettres de Paris, a développé cette pensée, que les dénominations spéciales, affectées à certaines contrées, ont leur raison dans la constitution géologique du sol. Fondées sur cette constitution même du sol, dit aussi M. Chéruel, ces divisions en *pays* ont survécu à toutes les crises politiques et persisté jusqu'à nos jours[1].

Ce n'est pas précisément à cause de la formation géologique, dont s'occupent fort peu les populations, qu'elles se sont groupées sous un même gouvernement, sous un même nom; mais de la nature du sol naissent les mêmes types, les mêmes aptitudes, les mêmes usages; c'est-à-dire une affinité plus intime qui les porte à se réunir sous les mêmes lois.

En un mot, depuis les Hébreux et les Grecs, on n'a cessé de reconnaître l'influence modificatrice du sol et l'on en restait là. On n'a pas songé que cette cause, qui n'avait cessé de modifier depuis que le globe a commencé à produire, depuis que les êtres les plus simples occupent la surface terrestre, devait avoir fait bien de la besogne.

Maintenant si nous consultons les docu-

[1] *Journal général de l'Instruction publique,* n° du 16 décembre 1857.

ments physiologiques, nous verrons que les mêmes types, les mêmes facultés correspondent à la même nature de sol, les types les plus arriérés aux terrains les plus anciens, les hommes les plus avancés aux terrains les plus modernes ou plus exactement au pays, qui, sur le moindre espace, offre le plus grand mélange de terrains en laissant prédominer les plus récents. Ces conditions semblent en effet donner le plus de ressources possible. Et, prises dans un sens plus étendu, elles forment en général le sud et l'ouest de l'Europe qui sont en effet les seules parties que l'on considère lorsque l'on parle de la civilisation européenne.

A propos d'une de mes communications à l'Académie des sciences sur le sujet qui nous occupe, M. Bellomet faisait la remarque suivante dans le *Courrier de Saône-et-Loire* du 7 avril 1864.

« Quel est celui d'entre nous qui n'a pas remarqué les différences qui existent entre

les populations de deux communes voisines, de deux arrondissements limitrophes?
cette dissemblance entre le métayer mor-
vandeau et les vignerons de Mercurey ou les
riverains de la Saône. Les terrains qui envi-
ronnent Châlon sont d'une formation bien
plus récente que les plateaux du Morvan.
De là une plus grande beauté de type, plus
d'aptitude à la civilisation dans nos plaines
que dans l'arrondissement d'Autun. »

Je me plais d'autant plus à citer ce fait,
qu'étant né au village de Charcey, situé
sur la route qui joint ces deux régions,
j'en connais l'exactitude. A ce village abou-
tissent sommet granitique, gisement houiller, gypse, plusieurs calcaires et terrain
d'alluvion. Là il serait superflu de deman-
der à quelle contrée appartiennent les gens
qui viennent échanger leurs charbons ou
leur avoine contre nos vins ou des produits
de la plaine.

Dans une conférence à la Société de géographie, où l'on s'occupa d'une de mes

communications sur la transformation de l'homme, M. Jules Duval, directeur de l'*Économiste français*, fit, à l'occasion des principes que j'expose, les remarques suivantes :

« L'influence de la nature géologique des terrains sur le type physique des populations humaines s'observe, d'une manière saisissante, dans les pays où les terrains primitifs et les terrains moins anciens sont en présence. Dans le département de l'Aveyron, d'où je suis originaire, le contraste est passé à l'état de notion tout à fait populaire. La moitié du département se compose de schiste, gneis, micachiste ; l'autre qui lui est contiguë en beaucoup de points, et qui nulle part n'en est bien éloignée, se compose de terrains jurassiques. De là deux contrées aux physionomies les plus diverses, appelées : la première, le *Ségala*, terre à seigle, de sa céréale caractéristique, l'autre *Causse* (de *calx*, chaux).

« Les habitants du Ségala ou Ségalins

sont chétifs, maigres, anguleux, plutôt pe—
tits que grands. plutôt laids que beaux,
rusés plutôt que forts ; les habitants du
Causse ou *Caussenards* sont vigoureux,
amplement charpentés, plutôt grands que
petits, plutôt beaux que laids, sont enfin
un peu épais d'intelligence comme d'action,
mais solides au physique et au moral. Lors
du recrutement, c'est toujours dans le can-
ton du Causse que sont les plus beaux
hommes ; les réformes pour vice de constitution y sont infiniment plus rares que
dans le Ségala. A vue d'œil les deux types
se reconnaissent parfaitement ; il n'est personne qui, ayant quelque habitude de voir
les uns et les autres, ne distingue sûrement
le *Caussenard* du *Ségalin.*

« A cette différence physique et jusqu'à
un certain point morale et intellectuelle,
correspondent comme causes en effet des
habitudes toutes différentes dans l'agriculture, l'alimentation, les travaux. Dans le
Ségala règne sans partage le seigle ; le

Causse se partage entre le froment et l'orge ; mais l'orge seul est consommée (ou l'était du moins il y a une vingtaine d'années), et l'on attribue à ce régime la lourdeur des Causseaards, à qui le froment, s'il était leur nourriture habituelle, assurerait un titre physiologique plus élevé.

« La différence descend dans le règne animal. Brebis et vaches du Ségala n'ont jamais la taille et la force des brebis et vaches du Causse ; jamais on ne les fait concourir ensemble dans les concours publics ; chaque région a ses catégories de prix. Dans le Ségala on fait naître et on élève les jeunes animaux ; dans le Causse seul on les engraisse.

« Cette division de la spéculation agricole tient à la nature des herbages plus maigres, plus courts ou bien plus aqueux dans le Ségala ; plus hauts, plus forts et plus substantiels quand ils sont aussi courts (faute de pluie) dans le Causse. »

Nous avons simplement désigné les plus

récents terrains comme étant les plus favorables aux êtres; pourtant cette condition n'est pas complétement rigoureuse. A l'égard de l'homme, par exemple, le terrain le plus récent peut lui donner un développement corporel supérieur et cela avec moins de peine ou moins de travail pour sa subsistance. Mais les conditions d'un pays plus varié semblent plus propres à développer son intelligence par la nécessité où il est de se pourvoir dans des circonstances beaucoup plus changeantes et aussi parce que dans ces conditions il rencontre une variété de ressources qui sont même indispensables au développement de son industrie. En outre, les croisements entre races différentes qui résultent des variétés de sol sont une condition avantageuse.

Aussi avons-nous dit que « le pays le plus favorable à l'homme est celui qui, à surface égale, présente la plus grande variété de terrains en laissant dominer les plus récents. »

Il y a d'autres exceptions à faire dans l'indication générale que les terrains les plus récents sont les meilleurs. Lorsqu'un terrain se forme, il emprunte les éléments avec lesquels il se constitue à d'autres éléments plus ou moins favorables, qui doivent nécessairement avoir une influence sur le nouveau sol. Ainsi, la formation du Sahara est une formation peu ancienne; pourtant elle n'est favorable ni aux végétaux ni aux animaux, parce que les mouvements géologiques qui l'ont formé n'avaient à leur disposition que des grains de quartz ou d'autres roches privées de leur limon, qui aura été entraîné par les eaux dans d'autres régions.

Un autre excès se montre souvent dans les deltas; ils ne sont pas suffisamment assainis, ou bien encore les dépôts qui les constituent proviennent en grande partie des désagrégations récentes des roches anciennes. Par suite, leur sol n'est pas aussi favorablement élaboré qu'on pourrait le croire.

Ainsi les plus beaux Gouaraniens ne se trouvent pas dans le delta de l'Orénoque. De chétifs Indous habitent celui du Gange. Le delta du Niger nourrit de hideux noirs. Et ce n'est pas non plus dans le delta du Rhône que l'on voit la plus belle variété de la race provençale.

En dehors des conditions géologiques, il est des circonstances accessoires, étrangères, qui pourront accidentellement donner la prééminence civilisatrice à l'un ou l'autre des pays qui sont à peu près dans les mêmes conditions géologiques. Mais à part cela, ce qu'il y a de très-remarquable, c'est que toujours ce sont les peuples habitant l'une des régions qui remplissent les conditions que nous venons d'indiquer qui ont marché à la tête de la civilisation. Cette règle est si absolue, qu'on ne peut rencontrer un seul exemple d'une civilisation qui se soit développée, ni même maintenue en cas de migration dans de mauvaises conditions géologiques.

Les mêmes observations s'appliquent aux animaux, comme nous l'avons déjà dit, et comme nous le verrons encore plus loin.

V


## PREMIÈRE CONSÉQUENCE.


Si malgré les innombrables migrations
et mélanges de peuples qui se sont opérés
sur la terre, les types de l'homme, comme
ceux des autres êtres organisés, sont néanmoins en rapport direct avec le degré d'é-
laboration du sol qu'ils habitent depuis un
laps de temps suffisant, c'est que les êtres
se transforment conformément à sa nature.

Le fait que les espèces appartenant à

des terrains différents en laissent d'autant moins sentir l'influence qu'elles sont plus exposées aux croisements constitue une confirmation de cette règle, en en précisant les effets.

De cet autre fait, que les peuples qui ont récemment émigré, n'ont pas encore entièrement pris le type propre à la nature du sol, résulte une autre confirmation de cette même loi.

Si l'on considère combien nos exemples sont nombreux et qu'ils sont pris sur toutes les parties du globe, on comprendra qu'il ne peut rester aucun doute à ce sujet. Néanmoins, l'importance de cette loi est telle que nous allons encore suivre les migrations de divers peuples pour observer directement les effets de la transformation et reconnaître approximativement le temps qu'elle emploie pour se produire.

## VI

## TRANSFORMATION DES PEUPLES

### OBSERVÉE DIRECTEMENT.

L'Afrique m'étant plus particulièrement
connue, par mes observations personnelles,
je rappellerai d'abord les remarques que
j'ai publiées avant de connaître l'action
modificatrice du sol.

« Dans les États barbaresques, je fus
frappé de la différence des types indigènes
avec ceux des Soudaniens et surtout ceux
des nègres qu'on y rencontre. Me rappe-

lant les opinions des naturalistes, je pensai simplement qu'il s'agissait selon les uns de différentes espèces d'hommes, ou bien selon les autres de races qui auraient été diversifiées d'abord par des causes primordiales, inhérentes au premier état de notre planète et ensuite modifiées par des croisements et quelques faibles actions de milieu.

« Mais en partant de l'Égypte, pour remonter vers la Nigritie, je vis que, malgré toutes les invasions, les bouleversements, qui ont porté les plus grandes perturbations dans les populations de ces contrées, on reconnaît néanmoins une progression d'ensemble assez régulière dans la modification de ces peuples. Ce n'était pas cette bigarrure de types et de couleurs qu'auraient dû laisser les diverses migrations qui sont venues peupler ces contrées. Il me sembla qu'il y avait dans ce fait une cause grande et puissante qui posait là son empreinte et harmonisait cette succession de peuples, selon une loi naturelle, indépendante de leurs mélanges, supérieure au croisement.

« La traversée du grand désert de Korosko vint faire une interruption dans les populations avec lesquelles nous étions en contact. Des Barabra ou Berbères occupent les deux côtés de ce désert, et, ce qui me surprit le plus, ce fut de voir que la fraction de ce même peuple, qui habite le côté sud du désert, est beaucoup plus noire que celle qui occupe le côté nord. La chevelure est aussi plus frisée. Ces habitants sont tellement noirs, que si l'on en voyait des individus dans nos pays, on les prendrait volontiers pour des nègres. Ensuite nous vîmes des peuples arabes dont le teint est également très-foncé et, les comparant à d'autres Arabes blancs ou très-peu colorés, que j'avais vus dans l'Afrique septentrionale, je n'en fus pas moins surpris.

« En continuant notre marche vers le

sud, nous trouvâmes dans le Sennâr des peuples Foun ou Foungi (anciens Fout), dont le teint était entièrement noir, les cheveux fortement crêpés et les traits en grande partie transformés dans le sens de ceux des nègres. A côté de ceux-ci et même plus au sud, joignant les peuples nègres, nous trouvâmes des Arabes, ou plus exactement des peuples désignés comme tels qui ne continuaient pas la progression; ils étaient moins noirs, avaient les cheveux peu crêpés et les traits presque intacts; mais aussi il y a peu de siècles qu'ils habitent ces régions reculées.

« Cet ensemble de faits frappa vivement mon attention. Je cherchai à reconnaître si la cause de ces transformations venait du croisement de ces différents peuples avec les nègres ou bien de l'influence du milieu; car il ne pouvait être question d'hommes ainsi créés, puisque leur origine et leurs migrations sont connues et que des fractions de ces mêmes peuples sont répandues au sud et au nord des déserts, comme pour attester les différences actuellement survenues entre eux.

« Dans nulle autre contrée du globe, on ne peut suivre d'aussi loin la marche des peuples ; nulle part aussi les contrastes n'étant plus frappants, cette étude me semble mériter une sérieuse attention. Toutefois dans cet examen, je néglige les faits de détail, sur lesquels on ne possède pas de documents suffisants, et je ne m'attache qu'aux grands faits généraux, les plus propres d'ailleurs à donner une bonne base d'appréciation.

« De nombreuses et puissantes raisons tendent à montrer que ces transformations sont dues à l'action des milieux. (C'est-à-dire pour le teint, à l'action du soleil, combinée avec d'autres causes, et pour le type, à l'action du sol, dont je ne connaissais pas encore les effets.)

« D'abord il résulte de mes observations, comme de celles des autres voyageurs, que les peuples d'origine asiatique, répandus au Soudan, loin de fraterniser avec les nègres, vivent avec eux dans un état de guerre acharnée et presque continuelle. Ensuite, les esclaves qui proviennent de ces guerres ne sont généralement pas conservés au Soudan, d'où il leur serait trop facile de regagner leur pays et où d'ailleurs les besoins sont très-restreints. Ils sont envoyés dans l'Afrique septentrionale, où, comme chacun le sait, les jeunes femmes esclaves sont d'un prix relatif à celui de l'homme qui atteste assez pour quel usage elles sont recherchées de leurs maîtres.

« Il y a donc là des croisements plus fréquents qu'au Soudan, et pourtant que voyons-nous? Au nord des déserts, l'homme noir passe au blanc, le peuple conserve son type, tandis que le blanc passe au noir dans le sud. Le croisement ne serait ainsi qu'un accident temporaire dont le résultat se perd peu à peu sous l'action des milieux, et ce n'est pas à lui qu'il faudrait attribuer le résultat définitif du changement.

« D'autres raisons viennent à l'appui de celles-ci. D'abord l'action des milieux et le croisement ont une manière distincte d'agir. Par le croisement les traits se modifient de suite très-fortement et individuellement, mais surtout dans le sens propre au milieu sous lequel il se produit. Ainsi, en Europe, le métis passe plus facilement au type blanc, dans le Soudan au type nègre.

« Bien que les individus croisés se fondent de plus en plus dans le type général par une suite de générations, ce n'en est pas moins la marche du croisement que l'on observerait, quoiqu'à un moindre degré, s'il était le principal agent. L'action des milieux, d'après ce que nous voyons, agit non en détail, mais d'une manière générale. En avançant au sud, elle commence par modifier surtout le teint de plus en plus à chaque génération, parce que l'action du soleil s'accroît (et que celle du sol diffère peu de celle qui agit plus au nord).

« D'ailleurs s'il s'agissait d'un effet du croisement, au lieu de voir les peuples d'origine asiatique du Soudan complétement noircis, ils auraient nécessairement conservé sur le résultat du mélange une part d'influence proportionnelle à la part considérable qu'ils y ont apportée. Il est donc facile de voir que c'est, en somme, l'action des milieux qui a transformé ces peuples au Soudan. Le croisement n'est considéré comme le principal agent que parce que ses effets sont tout d'abord très-saisissables, mais il ne saurait expliquer que partiellement et incomplétement les faits que nous signalons.

« Pour constater la cause de cette transformation, d'autres moyens s'offrent encore à nous, c'est de voir si les peuples d'origine asiatique qui ont pénétré dans l'Afrique centrale sont modifiés dans une mesure proportionnelle au temps qu'ils ont passé

dans les régions *nigricentes* et à leur degré de rapprochement de ces régions, au
lieu de l'être proportionnellement aux usages qu'ils auraient de se croiser. Ici encore
cette règle s'applique bien aux peuples
dont on connaît les migrations. Elle devient même un moyen de s'éclairer à l'é-
gard des fractions de ces mêmes peuples
qu'on a perdues de vue dans les migrations.

« Ainsi en même temps que telles parties
des peuples arabes et berbères sont restées blanches dans l'Afrique septentrionale,
quoique soumises aux croisements ; les autres fractions de ces mêmes peuples qui
se sont établies au Soudan, ou même isolées dans les oasis, sont transformées en
proportion du temps qu'elles y ont passé.
La même progression se remarque chez les
Foun ou Fout qui, étant les plus anciennement venus dans ce pays, sont aujourd'hui
très-rapprochés du type nègre. Si la cause
de transformation des peuples, que nous

reconnaissons encore par les traits, n'était pas due en presque totalité à l'action des milieux, il n'y aurait pas autant d'uniformité de modifications entre eux.

« Les Fout, que l'on retrouve aujourd'hui répandus au Soudan, furent chassés des bords du Nil par les Pharaons et particulièrement par Osortasen. Ne pouvant ici entrer dans plus de détails à leur sujet, nous renvoyons à notre volume *le Soudan*. Quant aux deux autres classes de populations, les Berbères et les Arabes qui représentent le second et le premier degré de transformation au Soudan, elles nous sont plus connues. Les Berbères appartiennent aux dynasties égyptiennes qui chassèrent les Fout dans le Soudan et dans les oasis de l'ouest. Les Arabes à leur tour, dont on connaît parfaitement l'époque des migrations, chassèrent en partie les Berbères dans la même direction. Ainsi ce qu'il y a de très-remarquable, c'est que, sauf les exceptions provenant de circonstances particulières qui même confirment la règle, ces trois grandes phases historiques marquent d'une manière générale les trois principaux degrés de transformation du type blanc au type nègre, par les portions de ces peuples qui se sont retirées au Soudan, tandis que les fractions qui se sont portées dans l'Afrique septentrionale ont conservé, à quelque classe qu'elles appartiennent, le type blanc, faiblement basané, que comporte cette région. Et cela, malgré les croisements avec les nègres, transportés comme esclaves dans ces contrées depuis la plus haute antiquité. Il faut bien reconnaître que la transformation est régie, en définitive, par l'action des milieux, puisqu'il y a une progression en rapport avec le temps qu'a duré cette influence et son degré d'action.

« On comprend que la transformation des peuples du Soudan ne pourrait être complète que s'ils avaient été soumis à l'action des régions les plus *nigricentes* qui paraissent être au sud du Soudan, dans la Nigritie centrale.

« Ajoutons que relativement au teint, si les modifications de l'homme n'étaient pas dues, en somme, à l'action des milieux, on ne verrait pas, en avançant vers l'équateur, des graduations aussi régulières. Là, par exemple, où un peuple blanc a pénétré dans le domaine du nègre, une sorte de rayon, offrant sa couleur et son type, l'aurait suivi et aurait persisté indéfiniment en proportion de son importance, même dans le croisement.

« D'après ces observations il suffirait donc, à notre époque même, de l'action des milieux pour transformer l'homme de l'un à l'autre de ses types les plus extrêmes. Le résultat du croisement ne serait qu'un accident, immédiatement très-sensible, mais qui se perd peu à peu au profit du type propre au milieu habité. »

Sauf quelques parenthèses où nous avons désigné l'action du sol, au lieu de l'action des milieux, nous avons donné les extraits précédents, tels qu'ils ont été écrits avant d'avoir reconnu la cause de la transformation des peuples. Ajoutons maintenant un mot d'explication relatif à ces détails.

L'apparente régularité de transformation vient surtout du parallélisme qui résulte de l'action du soleil sur le teint et aussi de la formation géologique qui offre généralement de bons terrains sur le littoral méditerranéen, puis la zone déserte, quoique assez récente parallèle à l'équateur. Enfin les grandes masses de terrains anciens se présentent généralement aussi selon le même parallélisme depuis le sud-ouest de l'Abyssinie jusqu'au Sénégal. Entre ces deux dernières zones, les terrains paraissent assez mélangés.

Cette sorte de régularité dans l'action des milieux fait mieux sentir la grande part d'action qui lui revient et la moindre part qui appartient au croisement.

La marche de l'action des milieux dans

la transformation s'explique ainsi d'une manière très-satisfaisante. L'homme, en avançant vers le sud, commence à éprouver l'action d'un soleil plus vigoureux, puis progressivement celle des pluies tropicales. Enfin ce n'est qu'en arrivant sur les terrains anciens d'une certaine étendue que les traits commencent à se modifier. Voilà donc la cause qui fait que la transformation par l'action des milieux que j'ai signalée a une marche différente de celle du croisement qui agit immédiatement sur les traits. Cet effet, qui contredit une action et justifie l'autre, serait seul des plus probants.

La migration des peuples asiatiques et d'Égypte vers la Nigritie est attestée par les traditions des peuples soudaniens et même par plusieurs populations nègres qui en gardent le souvenir. Cette tradition chez les peuples soudaniens est accusée par beaucoup d'usages que nous avons fait connaître ailleurs, entre autres par celui de tresser les cheveux comme les anciens Égyptiens; mais à mesure que la chevelure se transforme, cette marque de filiation disparaît nécessairement par l'impossibilité de la tresser. Si l'on joint à cela que, d'après les idées reçues, beaucoup de voyageurs croiraient dire une absurdité en admettant que ces pauvres nègres puissent être les descendants de la belle race dite caucasique, on comprendra pourquoi l'on refuse souvent d'enregistrer ces traditions pourtant très-réelles, mais dont les détails laissent nécessairement à désirer, ce que l'on conçoit facilement chez des peuples qui n'ont ni écriture ni archives d'aucune espèce.

Pourtant peu après que j'eus signalé cette marche des peuples dans mon volume, *le Soudan*, la Société de géographie se décida à admettre plusieurs de ces traditions, qui lui étaient transmises par un missionnaire nègre de la Sénégambie, nommé Santamaria. Toutefois, ce ne fut pas sans réserves qu'on les inséra dans le bulletin de mars 1863.

Santamaria débute par ce proverbe ouolof : « Quelque matinal que soit le mensonge, que la vérité se lève au soir, elle l'atteindra. »

Notre auteur noir ne distingue pas entre les Fout et les Berbères, qui d'ailleurs ont la même origine asiatique, il donne simplement les traditions des différentes populations noires qui l'entourent en faisant remarquer que ces traditions sont d'autant plus sacrées que ce peuple ignorant la manière de les transcrire sur les parchemins les transmettent scrupuleusement sans rien retrancher ni ajouter à ce qui lui a été confié par ses ancêtres, et qu'elles sont d'autant plus faciles à conserver qu'elles se réduisent aux faits mémorables.

Ce qu'il dit des Arabes est conforme à ce que nous connaissons de leurs migrations, tout en se rapportant plus particulièrement à certaines peuplades. Les Sarakhoulets seraient une autre tribu qui aurait habité Tahaba (Thèbes?).

Avant les Arabes et les Berbères (sous ce dernier nom il comprend aussi les Fout), il y eut d'autres immigrations (que nous considérons aujourd'hui comme nègres). Le peuple primitif aborigène parmi les noirs est sans contredit celui que nous désignons sous le nom de Mandinké, Malinké ou Saussé (Mandingue), qui habitait autrefois Mendé, ville située dans le delta du Nil, dans l'ancien royaume d'Hindia (Inde), le nom d'Hindia donné par les noirs aux villes situées dans le delta du Nil paraîtrait bien étrange, si plusieurs auteurs ne venaient à notre appui. En effet, Sozomène dit que ce pays était appelé sous le nom général d'Inde Intérieure, τοῦς ἔνδον τῶν κάθ' ἤμας Ινδῶν. Cette idée était déjà tellement répandue et générale que plusieurs autres historiens, comme Socrate, Théodoret, Rufin et autres, l'affirment. Philostrate, dans la *Vie d'Apollonius*, appelle les Éthiopiens une colonie indienne, ἰνδιχον γένος. Eusèbe écrit : *Ethiopes ab Indo flumine consurgentes juxta Ægyptum consederunt.*

Tous ces témoignages viennent à propos pour confirmer les traditions des noirs. Les Mandingues se disent descendants d'Esaü (Issous) par Yava, son fils, Khadara, fils de Yava, etc. La tradition dit qu'Esaü s'était établi à Mendé et qu'il est le père de toutes ces générations. De là, chassées et refoulées par les Égyptiens et d'autres émigrants, elles s'internèrent en Afrique.

Les Wolofs (ou Oulofs) sont originaires de Lardann ou Adann (Aden) dans le Yaman (Yemen) et sont une fraction des Sabayoun (Sabéens). Leur nom actuel leur fut donné par les Maures; ils se nomment eux-mêmes Kaowri.

Les Serers, Sarari, disent qu'ils habitèrent originairement Babala (Babylone), chassés de ce lieu par Namrouda (Nemrod), ils émigrèrent vers l'Hindia (Inde) où ils habitèrent longtemps. Ils s'enfuirent après les Wolofs dans le royaume de Phaz d'où ils furent de nouveau expulsés et vinrent se fixer dans le Wallo, Gjolof, etc., et de là enfin à Sin, pays alors habité par les Mandingues.

D'après la tradition des noirs, les Berbères connus sous différentes dénominations de Barbariinn, Barabariin, Warwariinn, Bambaraiin sont des aborigènes de l'Atlas qui peuplèrent l'Afrique occidentale ou *Loobia-Almem*. Santamaria donne ensuite divers développements qui font venir ces Berbères, les uns de Babala (Babylone), les autres seraient des Sabayoun (Sabéens); il désigne plusieurs de ces familles sous le nom de Phôt, Phât (Phut ou Fout). Quelques-unes d'elles, les Peules où Poul, habitèrent primitivement Samsam ou Zamzam, une des anciennes villes d'Égypte, située près du puits de Jacouba (Jacob). Les Peules sont ceux qui sont les plus répandus en Afrique.

Les traditions nègres s'étendent même à

certains peuples de l'Europe ; elles disent, par exemple, que les Latina (Latins) sont des Égyptiens désignés sous ce nom, parce qu'ils adoraient le dieu Lâta (diverses remarques archéologiques consignées dans notre *Parallèle des édifices anciens et modernes du continent africain*, tendent en effet à donner de la consistance à ces traditions par des similitudes relatives aux arts). Santamaria se réserve d'autre part de montrer certains rapports qu'il y a entre la langue allemande et le Wolof, et il conclut ainsi :

« Nous avons rapidement passé en revue les origines des peuples qui habitent particulièrement le Sénégal français ; concluons donc que ces Arabes, ces Sabéens, ces Berbères, ces Égyptiens, dont parle la tradition des noirs, ne sont que les pères des habitants aborigènes de l'Afrique ; par conséquent, ou ceux-là appartiennent eux-mêmes à la prétendue race nègre, ou ceux-ci sont comme eux d'origine blanche.

Or l'homme éclairé par la réflexion et l'expérience, qui ne cherche que la vérité, convaincu par la nature des choses, n'hésitera pas à admettre et à convenir avec nous que ces Arabes, ces Sabéens, ces Berbères et ces Égyptiens sont d'origine blanche, et que les noirs, leurs descendants, doivent être aussi d'origine blanche.

« Mais comment se fait-il donc, me dira-t-on, qu'aujourd'hui les habitants de l'Afrique et en particulier ceux de la Sénégambie soient noirs? Voilà une objection que je me suis posée à moi-même; j'ai dû conclure qu'on peut sans crainte faire des recherches ultérieures sur les causes qui ont amené cette coloration de la peau des nègres; l'origine des noirs étant la même que celle des autres hommes, le fait d'identité originelle ne saurait être moins certain parce que l'on ignore encore pourquoi les Africains provenant de pères de couleur blanche sont aujourd'hui noirs. »

Plusieurs voyageurs européens ont aussi

signalé des traditions qui font venir ces populations de l'Orient; c'est un fait patent dans ce pays. Quelles que soient les erreurs de détails qui aient pu se glisser dans ces traditions, il ne résulte pas moins de leur ensemble, la confirmation de ces deux faits généraux : la marche des peuples asiatiques vers la Nigritie, et leur transformation progressive.

A l'autre extrémité de la Nigritie, le docteur Pency signale aussi chez les nègres Bertha, certains usages qui lui paraissent venir des peuples égyptiens.

Quant aux Soudaniens, qui tiennent encore plus des peuples asiatiques que des nègres, par les traits si ce n'est par la couleur, on admet volontiers leurs traditions.

Le sultan Mohamed, dans ses *Annales du Takrour*, fait venir de l'Égypte et autres régions orientales, les habitants du Gober, du Mely, du Bornou, etc. Mollien entre autres dit que, d'après une légende, les

Foullah viendraient d'un pays situé entre le Nil et l'Euphrate. Le major Rennel les regarde comme les Leuço-Éthiopiens de Ptolémée et de Pline.

L'une des stations des Foullah, en Afrique, paraît avoir été l'île de Méroé, où il se trouve encore des noms Foullah. On rencontre dans le Dar-Four des mots de la langue de ce peuple; mais elle ne ressemble ni à celle des Berbères, ni à celle des nègres.

M. d'Eichthal a reconnu de l'analogie entre la langue des Fout et celle des Malaisiens, également répandue à Madagascar. Ainsi le mot de Fouteh, où l'on retrouve très-nettement la racine Fout, veut encore dire *blanc* à Madagascar, de même que Pouteh en javanais; ce qui fait présumer que leur teint relativement blanc aurait motivé ce nom par lequel ils se distinguaient des noirs. On conçoit que cette signification soit aujourd'hui perdue; car, sous le rapport de la couleur, ils se distinguent parfois si peu des nègres, que plusieurs voyageurs les désignent sous ce nom générique.

Ces détails sont en effet de nature à confirmer les légendes qui font venir les Fout d'entre le Nil et l'Euphrate, et expliquent pourquoi ces peuples se trouvent sur plusieurs points de l'Afrique et même à Madagascar et en Malaisie.

Si nous quittons le Soudan et la Nigritie pour revenir en Égypte, nous y trouvons par des voies toutes différentes, la confirmation des mêmes migrations.

La chronique de Manéthon nous montre, pour l'Égypte, un temps prospère où ce pays était gouverné par la caste sacerdotale ; ce dut être une période fort longue et probablement paisible qui fut la source de la civilisation. Tout à coup nous voyons cet ordre de choses remplacé par des dynasties militaires, celles de Ménès et de ses successeurs.

A ce moment, selon toute probabilité, s'était produit une grande perturbation.

La prospérité de l'Égypte ne pouvant moins faire que de se dévoiler au dehors, avait dû tenter la cupidité de ses voisins asiatiques. Ceux–ci, dans beaucoup de régions, n'étaient pas moins favorisés sous le rapport du sol, mais le manque de frontières naturelles empêchait les sciences et les arts de se développer avec sécurité comme en Égypte.

Cette invasion, ne pouvant être celle des peuples arriérés de l'Afrique, devait venir d'une des nations plus intelligentes de l'Asie. C'est en effet ce que confirme un fait archéologique important. Les plus anciens monuments d'Égypte nous montrent le peuple de ce pays se peignant en jaune, comme les peuples asiatiques, depuis la première jusqu'à la dix-septième dynastie ; mais à dater de la dix-huitième, il se peignit en rouge. C'est que selon toute probabilité, depuis son arrivée en Égypte, la nouvelle population avait pris la couleur propre au pays.

Quant aux peuples dépossédés, qu'étaient–ils devenus? ils avaient nécessairement été repoussés plus loin en Afrique, tant par la voie du Nil que par celle des oasis. Une stèle de Béhéni, ville située près de la deuxième cataracte, à l'extrémité sud de la partie fertile de la vallée du Nil, nous apprend en effet qu'Osortasen, ou Ousertasen, vainqueur, chassa les Fout qui lui disputaient le pays; on remarque sur ce monument les noms de plusieurs peuplades ou tribus. Le vainqueur y est qualifié de « *Taureau blanc qui a mis en fuite les peuples de Phot.* »

Nous reconnaissons ainsi la marche des Fout, peuples aussi répandus au Soudan qu'ils l'étaient jadis près du bas Nil.

Les Grecs et les Romains, quoique ayant des données vagues sur les sources du Nil, avaient des connaissances fort restreintes sur l'Afrique. Pourtant on retrouve encore, dans l'ensemble des faits qu'ils ont signalés, cette marche des peuples s'éloignant de l'Égypte pour se répandre dans l'Afrique.

Hérodote nous apprend que le peuple, comme le langage, de l'oasis d'Ammon, était composé d'un mélange d'Égyptiens et d'Éthiopiens, et aujourd'hui nous savons que le langage de cette oasis a une grande analogie avec celui des Touareg ou Berbères de l'Afrique occidentale. Ibn-Khaldoun confirme cette même marche, en nous monfrant les Berbères qui habitèrent entre les Syrtes et la basse Égypte, complétement chassés devant l'invasion arabe. Il nous montre de même les Hôgar des régions sahariennes de l'ouest, sortant du littoral méditerranéen des Syrtes.

Quelques oasis habitées par ces Hôgar nous présentent aujourd'hui un fait remarquable. Ces Berbères trouvèrent dans une partie des oasis où ils se portèrent une population d'origine blanche qui y était venue antérieurement à leur arrivée. Ce peuple paraît avoir appartenu aux Éthiopiens blancs (Leucœthiopes) des auteurs de l'époque romaine. Qu'étaient devenus ces *Éthiopiens blancs?* Ils étaient déjà si noirs et si déformés que les Berbères refusèrent de voir en eux des frères et ceux que la conquête ne chassa pas dans le sud furent réduits en servitude.

Un autre exemple, pris sur les terrains plus anciens du Sénégal, va nous montrer un degré de transformation plus avancé.

Le général Faidherbe, gouverneur de ce pays, nous fait connaître les détails suivants: « Tous les noms des tribus Torodo qui habitent aujourd'hui le Foutah sont des noms Poul (ou Fout), Irlabé, Sélobé .., etc. Elles ne parlent que le poul, mélangé de quelques mots ouolof; mais, physiquement parlant, ces tribus ont plus du Ouolof que du Poul. »

Naturellement, avec les idées reçues, M. Faidherbe ne peut attribuer cette transformation qu'à un résultat de croisement. Mais si l'on considère que les noms et la langue sur lesquels ni le sol, ni l'action nigricente, n'ont d'influence, sont restés Poul, on comprendra qu'il s'agit ici d'une action de milieu qui seule pouvait changer le type, sans modifier la langue; car les quelques mots Ouolof peuvent même venir du simple contact de ces peuples.

Tout se réunit donc pour nous montrer la transformation des hommes blancs en nègres.

Bien que ces exemples nous paraissent déjà surabondants, nous croyons néanmoins utile de jeter un rapide coup d'œil sur quelques autres points du globe; car il ne faut pas oublier qu'il s'agit de mettre hors de doute une loi qui est de la plus haute importance pour l'humanité, et que, dans ce cas, il vaut mieux pécher par la surabondance de preuves, que par le défaut contraire.

En Grèce sont venus se croiser avec les Pélages d'autres peuples dits Indo-Européens. En Macédoine, en Ionie, est venue s'établir une race analogue à celle des Germains, qui est représentée comme ayant les cheveux blonds. Les Thraces, les Phrygiens, furent aussi représentés par un père de l'Église, Théodoré, comme ayant les yeux bleus et des cheveux roux. Où sont maintenant toutes ces races? Comme leurs prédécesseurs, le pays les a fait siennes et le type des Grecs modernes est toujours le type hellénique : noblesse de forme, front élevé, espace interloculaire assez grand, légère inflexion à la naissance du nez faiblement aquilin, yeux grands, lèvres supérieures courtes, menton saillant et arrondi. Tel est encore ce type. Même souplesse d'esprit, même facilité pour apprendre, même caractère artificieux; rien n'a changé malgré les invasions et les dominations étrangères.

De même que le type hellénique a persisté en Grèce, la campagne de Rome, à en juger par les monuments et les médailles, nous montre encore le type latin.

A Naples, on trouve des habitudes de mollesse et de volupté qui caractérisaient déjà Capoue et Sybaris. Les campagnes de la Toscane nous montrent les formes arrondies, un peu lourdes, que nous avions récemment sous les yeux dans la collection Campana.

Et nos bons ancêtres, les Gaulois, n'avaient-ils pas en partage la légèreté, la turbulence et la bravoure? Malgré les infusions étrangères, le' même caractère n'appartient-il pas toujours au même pays?

Voici un fait qui vient de se passer sous nos yeux. A la suite des guerres de 1641 et 1689, les Anglais expulsèrent les Irlandais des comtés d'Armagh et de Down. Les uns demeurèrent dans le comté de Méath où le sol est à peu près le même; les autres furent chassés dans la baronnie de Flews, jusqu'à la mer, sur un sol granitique et houiller très-pauvre. Aujourd'hui, bien que la première branche ait conservé

son caractère primitif, la seconde est tellement modifiée, que sauf la couleur, on la
prendrait pour une population australienne arriérée.

Ainsi, sans croisement, l'action du sol a
seule causé cet effet.

En somme, qu'ont produit les migrations de l'orient, venant peupler l'occident? Elles ont fait des Hellènes en Grèce,
des Romains à Rome, des Gaulois en
France et des enfants d'Albion en Angleterre.

Si nous passons sur d'autres continents,
les mêmes résultats nous frappent de toutes
parts. Sur certains points de l'Australie et
de l'Amérique, le type anglais est attaqué
dès la première génération. Dans l'Amérique centrale et méridionale, les créoles
d'origine espagnole tendent à se transformer de plus en plus selon la nature du sol.
L'ancienne race avait été repoussée dans
les forêts et les savanes; mais quel que
soit le degré de l'infusion du sang, l'action

du sol persévérant, ces régions auront bientôt reformé la vieille race presque pure.

Ce n'est pas toujours au désavantage des Européens que s'opère cette transformation. Sur les terrains récents de la Plata, par exemple, des Espagnols ont pris un plus beau type.

Lorsque des peuples passent d'un mauvais terrain sur un meilleur, c'est naturellement le perfectionnement que l'on remarque. Les nègres purs qui arrivent aux Antilles, dit M. de Reiset, produisent des enfants qui ont déjà les caractères nègres atténués. La face, en particulier, s'éloigne de la forme de *museau*, et les générations suivantes se rapprochent de plus en plus du blanc.

M. Lyel fait des observations analogues relativement aux nègres transportés dans les États du sud de l'Amérique septentrionale. M. E. Reclus estime que les nègres d'Afrique, transportés en Louisiane, se sont, dans l'espace de cent cinquante ans, rapprochés de leurs maîtres sous le rapport du type, du quart de la distance qui les séparait; ce qui porterait à environ six siècles la transformation complète. Le sol de la Louisiane, il est vrai, est très-récent, il appartient à peu près entièrement aux époques tertiaires et quaternaires. Pour des hommes sortant des terrains primitifs de la Nigritie, il y a là une très-grande opposition, c'est-à-dire une action des plus puissantes.

Citons encore un fait très-remarquable.

Les rares documents historiques, antérieurs à la conquête espagnole au Mexique, signalent une suite d'émigrations venant du nord. M. Viollet-le-Duc fait remarquer, en tête de l'ouvrage de M. Charnay sur ce pays, que les monuments mexicains furent édifiés par des races d'hommes autres que celles propres à ces contrées, ce qui résulte des types de figure que l'on retrouve dans les bas-reliefs. Il ajoute, page 10, qu'au moment de la conquête espagnole, le Mexique était *retombé dans un état d'infériorité relative*, comme si les tribus civilisatrices qui avaient dominé ces contrées quelques siècles avant notre ère et s'y étaient maintenues jusqu'au douzième, *avaient été à peu près absorbées par la race indigène inférieure.* Plus loin, page 89, l'auteur ne s'expliquant pas la cause de l'absorption ou plutôt de la transformation par l'action du sol, en conclut que ces émigrations durent être peu nombreuses, et, dit-il, « leur disparition presque totale et le peu de fixité de leur établissement en Amérique en seraient la preuve. » Ainsi, il reconnaît que des peuples émigrants sont arrivés assez puissants pour s'emparer du pays, y édifier de riches monuments ; mais, ne les retrouvant pas avec le même type, il en conclurait volontiers la négation du fait ; ou, tout au moins, il croit devoir amoindrir autant que possible l'importance de l'émigration.

L'action du sol seule explique tout. Arrive un peuple assez puissant pour chasser les indigènes, s'emparer de leur territoire, y élever des monuments; mais l'action du sol agissant, transforme les nouveaux venus et les assimile aux indigènes dépossédés en leur ôtant les facultés qu'ils tenaient d'un autre pays.

Il n'est pas besoin de sortir de l'article de l'éminent architecte dont nous parlons, pour trouver la preuve de ce fait : page 51, il reproduit deux types; l'un, celui des peuples anciens, conservé par de nombreuses terres cuites; l'autre, celui résultant des photographies faites de nos jours par M. Charnay, et malgré les émigrations, les changements survenus, « il est clair. ajoute-t-il, que ces deux types présentent les mêmes caractères : front étroit, naissance du nez mince et déprimée, sourcils rapprochés, paupière supérieure recouvrant parfaitement l'angle externe de l'œil, os du nez saillant, narines maigres, angu-

leuses, ouvertes, pommettes plutôt angu-
leuses que saillantes, joues plates, bouche
large, abaissée vers les angles, lèvres
grosses et coupées nettement, os maxillaire
se relevant sous la bouche. Or ce type du
Mexicain est fréquent parmi nos photographies[1]. » Si le type des peuples qui déposé-

1. La loi qui fait l'objet de ce travail nous indique
que le peuple émigrant qui vint s'emparer du Mexique
et y apporter un art avancé, sortait d'un pays favorable à l'homme. L'état actuel de nos connaissances
géologiques ne nous montre dans l'Amérique du Nord,
que peu de localités d'un sol favorable, sauf une zone
d'une certaine largeur, entourant le golfe du Mexique,
puis s'étendant jusqu'à New-York, et d'autre part le
bassin supérieur du Missouri. Ni ces régions ni d'autres, ne nous laissent la trace de l'origine de l'art qui
fut implanté au Mexique. Dans cet état de choses, on
serait tenté d'admettre que le pays où s'était développé cette civilisation se serait affaissé sous les eaux
par un mouvement géologique assez lent pour permettre aux habitants d'émigrer devant le fléau. Le peuple
ainsi dépossédé se serait assez naturellement réfugié
en masse, de préférence sur un sol élevé comme celui
du Mexique. Le mouvement relativement récent que
l'on attribue à la chaîne des Andes serait de nature à
appuyer cette hypothèse. Il est bien entendu que c'est
sous la plus entière réserve que je signale cette possibilité.

dèrent les anciens habitants a pris les mêmes caractères, il faut bien reconnaître qu'ils se sont transformés.

Ainsi les faits qui se présentent au Mexique, comme beaucoup d'autres, ne s'expliquent que par l'action toute-puissante du sol.

En Suisse, nous voyons un effet analogue. Les crânes trouvés dans les tombeaux de l'âge de pierre accusent un type qui, avant l'ère chrétienne, fit place à une nouvelle population modifiée encore à l'époque romaine. Mais le temps passe et le pays retrouve son type primitif dans sa population actuelle.

La loi qui nous occupe trouve des confirmations sous mille formes. Quand MM. Mérimée et Flourens disent que les races qui vinrent s'établir en Moscovie sont *mongolisées* aujourd'hui; quand M. Deloche reconnaît que la communauté d'instinct est préférable à celle de la langue; quand M. Duchinski, comme d'autres, constate que telles races sont pastorales par nature, telles autres agricoles ou sédentaires; quand on nous dit qu'un peuple une fois établi a une force d'absorption qui lui fait éliminer, comme type, l'élément étranger; quand on signale la variété de type en Europe, l'uniformité sur les vastes terrains de transition et perméen de la Moscovie et de la Sibérie, etc., etc. : tout cela c'est reconnaître, constater, sous diverses formes, la vérité de cette loi qui régit le monde.

En raison de la rapide succession des générations chez les animaux domestiques, les changements qu'ils subissent sont plus faciles à constater. Il n'est guère de cultivateurs qui ne sachent que les belles races des pays dont le sol est riche, transportées sur des terrains maigres, perdent de plus en plus leurs qualités à chaque génération pour prendre celles propres au pays sur lequel on les fait vivre.

Les mérinos d'Espagne, transportés dans différents pays, tendaient partout, au bout de quelques générations, à reproduire les moutons du pays. Malgré les plus grandes précautions, on n'a pu obtenir que des races dérivées ayant des caractères propres. Le cheval arabe, transporté en Angleterre, est devenu cheval anglais. Dans le delta du Rhône, le cheval barbe est devenu cheval camargue. Les chevaux d'Europe ont formé, sur le nouveau continent, autant de races américaines différentes entre elles, selon le pays qu'elles habitent.

M. Roulin a particulièrement décrit les transformations de beaucoup d'autres animaux, transportés de l'ancien dans le nouveau continent.

## VII

### PERFECTION SIMULTANÉE DU SOL
#### ET DES ÊTRES.

*La perfection des êtres devenant proportionnelle à celle du sol, ils se sont nécessairement perfectionnés en même temps que lui.*

Les nombreux exemples que nous avons cités nous montrent, en effet, d'une manière indubitable, que la perfection des êtres dépend de celle du sol qu'ils habitent. Ce fait nous est démontré par la coïncidence générale de la perfection des types avec celle du sol. Il l'est de même par la constatation des changements survenus chez les peuples émigrants. En outre, la paléontologie, dont nous parlerons plus loin, confirme complétement ce résultat du perfectionnement des êtres proportionnellement à celui des âges géologiques qui ont successivement amélioré le sol.

Dès lors, il est d'autant plus certain que cette loi de perfectionnement n'a cessé d'agir depuis l'apparition des premiers êtres les plus simples, que la paléontologie nous l'affirme. Si pendant le faible laps de temps dont nous constatons les effets avec les médiocres différences du sol à notre époque, nous observons des résultats si sensibles, qu'on juge des changements qu'a dû opérer la perfection successive de tous les âges géologiques pendant les immenses périodes de temps qu'ils ont duré? Car chacun comprend déjà que les irrégularités de cette amélioration tiennent aux résultats des mouvements géologiques qui découvrent ici telle couche, là telle autre, et aux différentes conditions où se trouvent les êtres.

Quant aux degrés qu'on remarque entre les espèces, nous allons montrer ci-après que loin d'être une difficulté, ils sont la confirmation de la marche que nous pouvons observer de nos jours même, dans les lois de la nature.

Signalons d'abord la grande différence qui existe entre le sol primitif des premiers âges géologiques et le sol des régions primitives à notre époque. Le premier se compose des désagrégations faites à une seule époque, l'autre, de celles opérées pendant toutes les époques; ce dernier est par conséquent plus élaboré, plus chargé de détritus, sans l'être autant que les terrains récents qui ont séjourné sous les eaux et reçu une grande partie des détritus des régions découvertes, entraînés par les pluies et les rivières. La différence est très-grande, puisqu'il suffit d'une certaine quantité de désagrégations récentes de roches anciennes pour rendre un sol complétement impropre à l'homme. Nous voyons cet effet par le crétinisme qui se produit même au pied des roches jurassiques, lorsque les désagrégations récentes sont trop abondantes. Si l'on ajoute à cela que lorsqu'il y a mélange de sol plus ou moins élaboré, la plante ou l'animal a, jusqu'à un certain point, la faculté de s'approprier ce qui lui convient le mieux et de repousser le surplus; on comprendra quelle différence considérable il faut faire entre les degrés qui séparent les diverses époques géologiques qui se sont succédé et ceux qui séparent les différents terrains pris à une même époque.

Aujourd'hui on peut dire que la couche de sol productif qui revêt l'ensemble du globe, est une couche moderne. Les différences qu'elle présente viennent de ce

que là, elle est le produit exclusif de roches anciennes; tandis qu'ailleurs elle est
formée de la désagrégation de roches modernes et du produit des détritus les plus
favorablement élaborés et entraînés par
les eaux.

Les différences des terrains cultivables
pris à une même époque, offrent plutôt les
diverses nuances de cette époque, que des
terrains d'âges différents. La paléontologie
nous montre d'ailleurs, par la progression
des êtres fossiles les plus avancés de chaque époque, la valeur de chacun des terrains qui se sont succédé. L'écart des types
d'une même espèce, lorsqu'ils ne sont pas
ou qu'ils sont peu soumis au croisement,
tend à nous montrer celui des différents
terrains pris à une même époque, sauf la
part d'influence qui peut revenir aux
croisements.

Nous avons vu que l'homme se perfectionne ou dégénère, en raison de l'âge récent ou ancien du terrain sur lequel il vit,

et que, du moment où il atteint le type propre aux conditions dans lesquelles il se trouve, il ne change plus, tant que ces conditions restent les mêmes. Dès lors, chacun a dû pressentir l'immense portée de cette loi qui s'applique également à tous les âges du globe.

Reportons-nous à l'époque où se produit un de ces grands mouvements dont la géologie nous montre les traces. Au moyen de la loi dont nous avons posé les bases, rien n'est plus simple que de comprendre l'effet de cette nouvelle condition. Les êtres les plus parfaits jusqu'alors se transformeront en jouissant de ce nouveau sol; ils acquerront un nouveau degré de perfection, supérieur à ce qui existait antérieurement; nouveau sol, nouveaux êtres.

Si les choses ne se compliquaient pas par la loi des croisements, nous nous trouverions, pendant cette phase, à peu près dans le système présenté par Lamark, Darwin et autres, si ce n'est qu'à la place de ce qu'on appelle concurrence vitale et qui n'est qu'un motif de destruction, il faut mettre la véritable cause du perfectionnement, c'est-à-dire la jouissance d'un sol plus élaboré.

Mais les faits nous montrent que cela ne se passe pas d'une manière aussi simple. L'étude du bassin tertiaire de la Seine, par exemple, l'un des mieux connus, nous présente les faits suivants.

D'après M. Deshayes, sur 1041 espèces d'acéphales réparties dans ce terrain, 65 appartiennent aux sables supérieurs de Fontainebleau, 241 aux sables moyens, 412 au calcaire grossier, 323 aux sables inférieurs.

Sur ces nombres, 34 espèces de sables inférieurs s'élèvent dans les groupes suivants, 284 semblent finir avec cette couche. Sur 412 du calcaire grossier, 96 remontent dans les sables moyens, 316 disparaissent. Entre les sables moyens et supérieurs, il n'y a point encore d'espèce commune;

mais, dit M. d'Archiac, la liaison peut être soupçonnée par suite des espèces encore en petit nombre, qu'a recueillies M. Goubert dans les assises moyennes du gypse et qui ont leurs analogues dans les sables supérieurs.

D'où il suit que sur 1041 espèces, 911 s'éteignent successivement : 284 dans le quatrième groupe, 316 dans le troisième, 246 dans le second, tandis qu'il n'y a qu'une faible minorité de 130 espèces qui passe d'un groupe à l'autre.

Des études faites dans divers pays conduisent à des résultats analogues. Nous savons d'autre part que depuis les âges géologiques les plus reculés, les espèces offrent des degrés de plus en plus parfaits; que la durée de quelques-unes n'a été que d'une fraction d'époque, tandis qu'elle a été de plus d'une époque pour quelques autres.

Ainsi, les espèces vivent plus ou moins longtemps et ne correspondent pas nécessairement avec l'apparition d'un terrain. Il y a donc un mode de formation qui ne dépend pas seulement de la formation nouvelle ou du soulèvement d'une couche géologique.

De plus, les espèces ne sont pas soumises à une transformation continue, puisqu'elles accusent de longues phases de fixité. Enfin elles doivent se former dans des conditions particulières, puisqu'on ne voit pas de degrés de transition entre elles.

La loi des croisements va nous montrer, en effet, que les transformations sont locales et temporaires; qu'ensuite viennent de longues phases de stabilité, qui nous reportent dans le système de fixité relative, avec variation restreinte de l'école opposée.

Cette loi des croisements qui n'a jamais été comprise, laissait un champ vague d'où sont sortis les systèmes opposés qui ont formé les différentes écoles qui se contredisent et se disputent sans pouvoir découvrir la vérité.

# VIII

## FORMATION DES ESPÈCES.

« Le mot *espèce* est celui qui revient le
plus souvent dans l'étude des sciences naturelles, il en est le premier et le dernier,
a dit un célèbre zoologiste[1], et le jour où
nous en serions complétement maîtres,
nous serions bien près de le devenir de la
science entière. »

1. I. Geoffroy Saint-Hilaire, *Histoire naturelle générale des règnes organiques*, vol. II, p. 349.

La plus redoutable épreuve pour le naturaliste, dit de Candolle, est de se prononcer sur l'*espèce*.

Les espèces sont fixes et de création indépendante, dit une école. Elles sont variables et se relient ensemble, répond une autre. Nous montrons un fait : la fixité, aussi loin qu'on puisse la suivre, reprend la première, et vous, vous ne faites qu'exposer une hypothèse dépourvue de preuves et qui rencontre les plus puissantes objections.

Toutes les écoles sont en effet d'accord pour reconnaître les plus graves difficultés et poser les plus sérieuses objections à la transformation des êtres pour passer d'une espèce à l'autre.

« Si toutes les espèces descendent d'autres espèces antérieures par des transitions graduelles presque insensibles, dit Bronn, comme beaucoup d'autres, comment se fait-il que nous ne trouvions pas partout d'innombrables formes transitoires? Comment se fait-il que les espèces soient si bien définies et que tout ne soit pas confusion dans la nature?

« Ces difficultés sont si graves, dit M. Darwin[1], que moi-même j'en ai été longtemps ébranlé... Ce que les recherches géologiques n'ont pu nous révéler encore, c'est l'existence de nombreux degrés de transition, aussi serrés que nos variétés actuelles et reliant entre elles toutes les espèces connues : telle est la plus importante des objections qu'on puisse élever contre ma théorie. »

« Cette dernière objection est décisive, s'écrie M. Flourens[2]... Cette distinction éternelle des espèces est à la fois la plus grande merveille et le plus grand mystère de la nature. »

« Le mystère des mystères, » avaient dit d'autres avant lui.

1. Page 241 et 422 du livre déjà cité.
2. Pages 41 et 98 de son livre critique sur l'origine des espèces.

« Le secret que Dieu s'est réservé, » dit M. Duruy[1].

Devant de tels témoignages, il faut bien reconnaître que la difficulté est grande. Pourtant la solution est simple; tellement simple que, pour ne pas l'avoir trouvée, on pourrait accuser d'aveuglement nos prédécesseurs et toute l'antiquité, si nous ne rappelions ici le point de vue d'hommes les plus éminents et les plus spéciaux de notre époque sur le fait même qui va nous mettre sur la voie du mystère des mystères. Voici ce point de vue :

« Les caractères des parents peuvent être *différents*. Dans ce cas le caractère correspondant chez le fils sera une *résultante*, c'est-à-dire, en réalité, un caractère nouveau qui n'existait ni chez le père, ni chez la mère.

« Les mêmes causes agissant à chaque génération, produiront évidemment des

1. *Histoire de la formation du sol français* ( première partie).

effets de même nature. L'hérédité simple,
directe et immédiate, est donc à certains
égards une source de variation du type
premier. »

Avant d'aller plus loin, lecteurs, permettez-moi de faire une question : ce raisonnement paraît-il juste, ou semble-t-il
faux ? En d'autres termes, le père, la mère ·
et l'enfant donnent-ils bien une source de
variation, par ce fait qu'au lieu de deux
types, on en a trois ?...

Vous répondrez très-probablement, oui,
et nos prédécesseurs, comme l'antiquité
tout entière, seront absous.

Eh bien ! un cheveu, un fil impercep-
tible s'est glissé dans ce raisonnement et
l'a vicié ; le côté défectueux, le voici : le
père et la mère appartiennent à la génération régnante et qui va disparaître, le
fils ou les enfants à la génération qui va
succéder. Donc, la génération qui va disparaître *s'unifie* comme type dans la génération qui va succéder.

Ceci est juste le contraire du point de vue que nous venons de citer : au lieu d'y trouver une source de *variation* des types, nous y trouvons une cause d'*unification*. Et, si nous prenons un plus grand ensemble d'individus, la résultante définitive sera la même, après un certain nombre de générations.

Ainsi, prenons une population très-mêlée, où l'on trouve les types les plus parfaits et les plus imparfaits, les teints les plus noirs et les plus blancs, en un mot, tout ce qu'il y a de plus disparate. Du moment où une fécondité commune peut agir, voici ce qui arrive : si deux êtres semblables s'unissent, leurs descendants continuent le même type ; mais si les progéniteurs sont l'un beau, l'autre laid, l'un noir, l'autre blanc, à quelque degré que ce soit, la génération qui en naîtra sera une *résultante*, c'est-à-dire un type intermédiaire. Et si, comme cela est probable, les types différents ne se croisent qu'en partie à chaque génération, il suffira de laisser se succéder un certain nombre de générations pour que tous ces types s'*uni-fient* de plus en plus et finissent par ne former qu'un type moyen, sauf les causes de variations pouvant venir d'ailleurs.

Lecteurs, permettez-moi encore une question : maintenant que ce grand fait est éclairci, et que vous savez que nous sommes sur la voie de la découverte, com-prenez-vous le mystère de la formation des espèces?... Peut-être pas encore. Alors nos prédécesseurs peuvent parfaitement être absous de ne l'avoir pas reconnue, bien que toute la science moderne soit su-perflue pour cela et qu'elle ne serve que de confirmation.

Voyons donc quel est ce grand mystère.

Deux remarques principales ont servi à la définition de l'espèce : ce sont la res-semblance entre les individus et la faculté de reproduction. A mesure que la pre-mière de ces conditions, qui n'est que la conséquence de la seconde, a été abandonnée pour se concentrer sur celle-ci, on se rapprochait de la solution du problème.

Pour Laurent de Jussieu, l'espèce est une succession d'individus entièrement semblables perpétués au moyen de la génération.

Pour Buffon, l'espèce est la succession constante d'individus semblables qui se reproduisent, et le caractère de l'espèce, c'est la fécondité continue.

Blainville définit l'espèce : l'individu répété dans le temps et dans l'espace.

Selon Lamark, l'espèce est une collection d'individus semblables, que la génération perpétue dans le même état, tant que les circonstances de leur situation ne changent pas assez pour faire varier leurs habitudes, leur caractère et leurs formes.

Des définitions de l'espèce, il y en a autant que de naturalistes; ce qui est la conséquence inévitable de l'ignorance du principe sur lequel elle repose. Néanmoins M. Flourens contribue avec Buffon, Illiger, Kœlreuter, Gœrtner et d'autres, à faire faire un pas à la question, en ne caractérisant l'espèce que par la *fécondité continue*. Arrivé à ce point, il s'agissait de dégager l'effet de la cause.

Nous savons parfaitement ce qui arrive, lorsque deux êtres aussi différents que possible, sans nuire à leur fécondité, se croisent. Le produit est en général un type intermédiaire, ou à peu près moyen entre les deux types[1]. De même qu'en somme pour plusieurs croisements, il l'est encore plus exactement. Nous savons, de

1. « Je donne au produit des unions croisées, le nom de *Métis*, parce que le *Métis* me paraît fait par moitié, de chacune des deux espèces productrices. » (Flourens, livre cité, page 109).

De nombreuses observations ont, en effet, constaté que les types des descendants sont en général intermédiaires entre ceux des générateurs de races ou d'espèces différentes, et s'il y a quelques rares exceptions, elles ne sauraient avoir une influence marquée sur l'ensemble.

plus, que si des êtres sont trop différents l'un de l'autre, ils ne pourront procréer ensemble des descendants propres à se perpétuer, ou même ils ne pourront pas procréer du tout. Cet effet de la fécondité et sa limite d'action, c'est-à-dire, deux résultats d'expérience parfaitement connus, sont tout ce qu'il faut pour former et reformer les espèces, chaque fois que survient une cause de modification dans l'ordre établi.

Avec ces faits si simples et connus de tous, le mystère tant cherché va tomber sous nos sens. Dieu va nous livrer son secret !

Voici d'abord la définition de l'espèce, voici l'essence du grand secret :

*L'espèce est constituée par tous les êtres qui, pouvant procréer ensemble, groupent par ce fait leurs descendants sous un type moyen.*

Maintenant, pour entrer dans les détails, nous allons suivre pas à pas l'application des principes que nous avons développés ; puis nous soumettrons encore le résultat au contrôle de tout l'ensemble des faits que nous offre la nature.

Reportons-nous d'abord au début de l'expansion et du mélange des êtres, alors qu'ils seraient déjà diversifiés, mais non encore spécifiés ; ou bien au moment où un changement géologique aurait apporté une certaine modification dans les espèces, en diversifiant les parties de chacune d'elles qui se sont trouvées sur une nouvelle couche géologique qui se découvre ou se forme. Que cette modification géologique soit le résultat d'un mouvement plus ou moins prompt ou celui d'une formation excessivement lente qui laisse au croisement le temps d'agir à mesure, le résultat définitif sera le même. Admettons, pour rendre notre exemple plus sensible, que la confusion dans les êtres soit telle ou devenue telle, que du plus simple au plus composé, il y ait momentanément une infinité de degrés de transition ou de variétés sans démarcation tranchée.

Du moment où, parmi cette suite d'êtres, la fécondité ne peut s'étendre qu'à des fractions limitées par un certain degré de différence, qu'elle soit très-prononcée ou plus intime qu'apparente, il est évident que dès qu'elle est possible et continue, cette fécondité va grouper, dans une même espèce et sous un même type, tout ce qu'elle peut embrasser. Et cette espèce est précisément caractérisée par la fécondité, puisque c'est elle-même qui fond, unifie, sous un type moyen, tous les êtres qu'atteint son action. On conçoit aussi que si la fécondité avait pu demeurer commune à tous les êtres, elle aurait tendu constamment à les réunir sous un seul type moyen. Mais si la fécondité ne peut s'étendre qu'à des fractions qui représentent la centième partie des êtres, il est évident qu'après un certain nombre de générations, tous ces êtres se trouveront groupés en cent espèces qui seront nécessairement unifiées et caractérisées par la fécondité qui les forme.

Quant à la possibilité des croisements, on sent qu'ils sont très-faciles entre contrées voisines, qu'ils peuvent se propager de proche en proche, mais qu'ils sont moins faciles entre régions éloignées. A ce sujet, deux remarques sont à faire. La première, c'est qu'un seul croisement de deux êtres les unifie dans leur progéniture sous un type moyen, tandis qu'il faut au sol une longue suite de générations sans croisements et avec des conditions différentes de terrain pour reproduire l'écart qui a été si promptement détruit. On comprend, d'après cela, que de rares croisements ou même ceux qui se produisent de proche en proche suffisent à ramener ou à maintenir l'unité dans l'espèce. Mais, si une barrière naturelle vient s'opposer à ces croisements, alors l'espèce est circonscrite; c'est précisément ce que nous montre la nature.

Une autre conséquence, c'est que si des fractions d'espèce se séparent et s'éloignent fortement du reste de l'espèce, elles trouvent encore des conditions d'équilibre en ce qu'elles rencontrent ordinairement dans les contrées où elles s'établissent diverses natures de sol, et que ces natures de sol variées ont des tendances à produire différentes races qui se font encore équilibre par le croisement.

Une fois les espèces formées et répandues, il faut donc des conditions toutes particulières pour mener à bonne fin la formation d'une espèce nouvelle : il faut non-seulement que la race qui devra la former soit isolée du surplus de l'espèce, mais encore qu'elle demeure sur une seule nature de terrain, que, de plus, ce terrain ne soit pas de qualité moyenne, car il tendrait ainsi à maintenir le type moyen. Ce n'est donc que très-exceptionnellement qu'une nouvelle espèce peut se produire.

Nous voyons ainsi que le croisement combat fortement les effets modificateurs du sol, qu'il tend sans cesse à unifier, sous un même type, les variétés dégénérées qui naissent d'un mauvais sol, avec les races que perfectionnent les terrains récents. D'après cela, voyons ce qui se passe chez une variété qui se trouve sur un sol récent.

Si les êtres que ce sol tend à transformer, à améliorer, continuent à se croiser avec ceux qui appartiennent à des natures de terrain moins favorisées, ils ne peuvent atteindre qu'une différence de variété, attendu qu'il ne faut pas même des croisements très-nombreux pour les maintenir dans l'espèce.

Donc, si les croisements avec l'espèce mère sont empêchés par une cause quelconque, la variété favorisée devient nécessairement espèce, en continuant à se transformer jusqu'à ce que son croisement avec l'espèce mère ne puisse plus donner de fécondité continue. Par cela seul, qu'un certain degré de différence s'oppose à la fécondité continue, on comprend que ce degré de différence, comme son effet, soit inévitable, l'action se continuant. Néanmoins, nous montrerons plus loin (titre ix) qu'il se produit, à notre époque et sous nos yeux, chez l'homme comme chez les plantes. Alors seulement, la nouvelle espèce est constituée et elle peut impunément se répandre dans les mêmes régions que l'espèce mère, sans cesser de demeurer distincte.

Malgré cette indépendance de la nouvelle espèce, ses progrès ne continueront pas, soit parce qu'elle aura atteint le degré normal de perfection qui convient au sol, eu égard au point de départ et aux conditions où elle se trouve, soit parce qu'en se multipliant en raison du bon sol qui la favorise, elle sera obligée d'envahir diverses natures de terrain dont les tendances contraires se neutralisent par le croisement.

On conçoit qu'à la rigueur une nouvelle espèce pourrait aussi se former d'une manière analogue, par dégénérescence, si une variété se trouvait confinée sur un très-mauvais sol; seulement, dans ce cas, au lieu de pouvoir envahir d'autres régions, elle serait exposée à s'éteindre devant d'autres espèces, à cause de ses qualités inférieures.

La nouvelle espèce favorisée deviendra ensuite d'autant plus stable, qu'elle se répandra sur une plus grande variété de sol; car alors, telle partie se trouve sur un bon sol, telle autre sur un mauvais, il en résulte que la progression d'un côté, la dégénérescence de l'autre, tendent à se faire équilibre et à s'unifier ou à se rapprocher par les croisements. L'espèce doit donc demeurer de très-longs laps de temps dans cette sorte d'équilibre; car l'amélioration générale du sol est si peu sensible dans l'espace de quelques milliers d'années, qu'elle ne peut guère donner de résultats appréciables. Cependant, dit Bronn, « les espèces qui se montrent à des niveaux géologiques différents, offrent quelques variations dans leurs caractères. » Ce qui s'explique par les faibles modifications générales que subit le sol.

Il n'est pourtant pas nécessaire que la petite colonie en voie de transformation soit absolument isolée, puisque, si quelques individus s'en échappent avant d'être suffisamment transformés, ils seront simplement refondus avec l'espèce mère. La petite colonie, au contraire, ne pouvant que progresser et se multiplier, aura plutôt une tendance à expulser des individus qu'à en recevoir, circonstance qui peut la protéger.

Le fait le plus remarquable de cette transformation, c'est qu'elle se produit nécessairement dans une région très-limitée, puisqu'elle doit appartenir exclusivement aux terrains récents. Les faits que nous avons cités montrent que la transformation s'opère assez rapidement, relativement à la longueur des époques géologiques, lorsqu'elle n'est pas entravée par les croisements avec d'autres races ; d'ailleurs, nous voyons qu'elle ne peut durer très-longtemps, puisque deux causes sont là pour y mettre un terme. La manière dont se forme l'espèce nous montre aussi que des êtres de transition ne peuvent persister, attendu qu'ils seront unifiés par le croisement, soit avec la nouvelle espèce, soit avec l'espèce mère. Enfin nous voyons pourquoi, lorsque l'espèce s'est formée sur un point réduit et qu'ensuite elle se répand de contrée en contrée, elle semble en effet y être apparue tout à coup, comme l'indique le plus souvent la paléontologie.

Ce *tout à coup*, pour la paléontologie, présente encore un assez grand nombre de générations ; car nous savons combien est lente la formation de la moindre couche géologique. Et les espèces nouvellement répandues, étant mieux appropriées aux

conditions du temps, doivent nécessairement progresser vite aux dépens des espèces anciennes, sur lesquelles elles l'emportent dans les conditions d'équilibre
vital.

Enfin on comprend qu'il en soit comme
le dit Bronn; que : « le développement
graduel ne s'observe que quelquefois. »

Nous commençons cependant à découvrir quelques-unes de ces formes de transition d'une espèce à l'autre : entre l'ours
des cavernes et l'ours brun qui, l'un et
l'autre sont très-communs, on a trouvé,
quant au temps et au type, un exemple dit
l'*Ursus priscus*, dont la tête et la mâchoire
inférieure étaient encore unies. Entre le
semnopithèque et le macaque, on a trouvé
un squelette de singe intermédiaire entier.
Enfin nous avons vu un effet analogue
s'opérer sous nos yeux mêmes entre les
races transportées d'Europe en Amérique.
Elles n'ont besoin que d'un faible nombre
de générations pour acquérir les nouveaux

caractères qu'elles reproduisent ensuite indéfiniment, jusqu'à ce que survienne une nouvelle cause de modification.

Ainsi, faible durée relative de l'époque de transformation, peu d'êtres qui la subissent, groupements prompts en espèces distinctes, conditions défavorables à leur conservation géologique, puisqu'elles se trouvent sur un sol récent ou qui se soulève; telles sont les causes multiples qui rendent si difficile, presque impossible, la découverte des êtres intermédiaires entre les espèces.

La paléontologie nous montre aussi que les espèces durent le plus souvent moins d'une époque géologique, quelquefois beaucoup plus. Nous voyons par là que des milliers, des centaines de milliers de générations se produisent dans toute l'espèce avec les seules variations de races, comparativement à une faible fraction, une variété seulement, qui se transforme isolément et pendant un nombre limité de générations. Dès lors, il n'y a pas à s'étonner que les êtres de transition soient si rares, surtout lorsque l'on songe qu'ils sont généralement produits pendant des phases peu favorables à leur conservation. D'ailleurs si des êtres aussi rares tombent sous la main, ils courent risque d'être pris pour quelque anomalie, ou pour quelque variété plus tranchée de l'une ou l'autre espèce voisine. Et en effet ils ne sont pas autre chose.

Les degrés de séparation des espèces deviennent donc la confirmation même de la manière dont elles se forment.

Sachant que les êtres qui se croisent donnent promptement à leurs descendants un type moyen, tandis que le sol ne peut les différencier que très-lentement, il suffit de remarquer ce principe, pour que la manière dont se forme et se distingue l'espèce devienne évidente.

D'ailleurs, une foule de faits naturels que nous allons mentionner en partie con-

firment ce principe. Citons de suite un enchaînement de faits qui en est la conséquence et dont l'éclaircissement sera en
même temps une solution qu'a cherchée en
vain plus d'un naturaliste.

Buffon avait signalé comme une loi le
fait suivant qui n'est qu'une conséquence
de la loi des croisements que nous exposons : « aucun animal du midi de l'un des
grands continents, ne se trouve dans le
midi de l'autre [1]. »

M. Flourens a confirmé cette disposition
des êtres, en reconnaissant comme lui qu'a-
vant la conquête, aucune des espèces de
l'ancien continent n'existait en Amérique.
M. de Quatrefages a développé aussi ce
fait en relatant les circonstances suivantes
pour combattre la doctrine des centres de
création : Les mammifères de l'Australie
ou Nouvelle-Hollande et des petites îles
voisines se séparent nettement de ce qui

---

[1] On voit que l'homme ici fait exception.

se voit partout ailleurs. Au point de vue des insectes, cette contrée se rattache à la Nouvelle-Zélande et à la Nouvelle-Calédonie. Les faits deviennent plus frappants encore dès que l'on compare les animaux qui vivent dans l'air avec ceux qui vivent dans l'eau, ou même ces derniers entre eux, lorsque deux mers différentes sont séparées par une petite étendue de terre. A l'isthme de Suez, les faunes aériennes sont à peu près identiques, sur les côtes de la mer Rouge et de la Méditerranée; les faunes marines sont au co n-traire extrêmement dissemblables sur les rivages opposés. M. Edwards entre autres n'a pas trouvé un seul crustacé qui fût commun à l'un et à l'autre. Il en est de même à l'isthme de Panama.

La Nouvelle-Hollande est essentiellement la patrie des marsupiaux, l'Amérique celle des édentés. Entre ces deux contrées, il n'y a vraiment que peu ou point de genre commun, encore moins d'espèces communes, et *ces différences caractéristiques s'accusent de plus en plus à mesure que l'on considère des groupes plus élevés.* Par exemple en prenant en entier l'ancien et le nouveau continent, on a évidemment les deux régions les plus étendues qu'il soit possible de comparer.

Or ces deux régions ne possèdent en commun que cinq ou six genres de chauve-souris et qu'une seule espèce du même groupe ; pas un seul genre, à plus forte raison pas une seule espèce de singes, ne se rencontre à la fois dans l'un et dans l'autre. La Nouvelle-Hollande forme avec ces deux régions un contraste encore plus tranché... L'Amérique méridionale et septentrionale peut même former deux régions distinctes : celle du Nord se confond en partie avec l'Europe et l'Asie, celle du Sud se sépare complétement de l'une et de l'autre.

Ajoutons que les longues côtes maritimes, séparées d'une part par les grands continents, d'autre part par les bas-fonds des grandes mers, offrent pour la faune maritime les mêmes répartitions d'espèces, de genres, etc. C'est ainsi que les côtes orientales de l'Amérique offrent une faune très-différente de celle de ses côtes occidentales; et celles-ci sont de même très-différentes de la faune qui habite le côté occidental du grand Océan.

Chacune d'elles pourtant s'étend très-loin au sud et au nord; ce qui montre le peu d'influence des conditions climatériques que l'on a toujours considérées comme le principal agent modificateur. Mais depuis les régions ouest du grand Océan jusqu'à la mer des Indes et même jusqu'aux côtes d'Afrique, où de nombreuses îles et des continents offrent autant de stations qui facilitent les communications, la faune se relie beaucoup plus.

M. Wallace d'ailleurs a signalé ce fait remarquable que la naissance des espèces coïncide, pour le temps et le lieu, avec

une autre espèce préexistante et proche
alliée.

Voilà donc un grand ensemble de faits
qu'on ne s'explique pas, dont on ne saisit
pas la cause. La création par couples,
ayant formé séparément chaque espèce,
expliquerait bien cette distribution s'il ne
s'agissait que des espèces. Si le couple s'est
trouvé dans la mer Rouge, il est évident
qu'il ne pouvait se multiplier dans la Méditerranée ; mais pourquoi cet ensemble
d'êtres conserverait-il le même enchaînement à l'égard des familles, des genres, si
ceux-ci n'avaient été antérieurement formés par la même filiation que les espèces? Pourquoi les genres qui possèdent un
nombre d'espèces au-dessus de la moyenne
se trouveraient-ils dans les mêmes contrées où les espèces du même genre renferment aussi un nombre de variétés au-
dessus de la moyenne, si ces genres
n'avaient pas été formés par la même descendance que les variétés? la contrée

comme nous le verrons n'étant pas la cause de cet enchaînement.

La transformation des êtres par l'action du sol, et leur groupement en espèces par la fécondité, expliquent tout cet ensemble de la manière la plus satisfaisante. Il est certain que le groupement en espèces par la fécondité, agit d'une manière indépendante dans la Méditerranée et la mer Rouge, dans l'ancien et le nouveau continent, comme en Australie; que les espèces de marsupiaux ou d'édentés, en se subdivisant en nouvelles espèces, donnaient naissance à des espèces de même genre sur le même continent où elles se trouvaient; que les mammifères de l'Australie avaient moins de facilité pour s'étendre aux îles des environs, comparativement aux insectes que plusieurs accidents peuvent y transporter, même une branche qui porte aussi sa graine; que la faune terrestre ou aérienne des bords de la Méditerranée et de la mer Rouge croisent très-bien

ensemble; tandis que les faunes marines
ne peuvent le faire; que dans l'Amérique
du Nord, la faune peut avoir quelque
ressemblance avec celle de l'Asie et de
l'Europe, dont elle n'est qu'incomplète-
ment séparée, etc., etc.

Par suite de la manière dont se forment
les espèces, on conçoit aussi pourquoi les
êtres unisexuels ou qui ne se croisent que
très-rarement, sont aussi les plus variables; car ils perdent d'autant la faculté de
s'unifier par le croisement.

Si les créations avaient eu lieu par espèces ou séparément, on ne comprendrait
pas pourquoi les animaux qui vivent dans
des grottes souterraines, n'ont pas une
conformation spéciale, et la même en
Europe qu'en Amérique; pourquoi ils ont
des rudiments d'yeux qui leur sont inutiles, pourquoi, malgré les conditions spéciales auxquelles ils ont dû se conformer,
ceux d'Amérique se rattachent encore à
la faune de ce pays, comme ceux des

grottes européennes à la faune euro
péenne.

Cela nous explique également pourquoi
les animaux du même genre qui vivent dans
des grottes différentes, sont aussi d'espèces
différentes, le croisement avec les habitants
d'une autre grotte n'ayant pu s'opérer depuis leur introduction dans ces cavités.

En un mot, du moment où les animaux
d'un continent, d'une mer ou d'une région,
ne pouvaient pas ou ne pouvaient que trop
peu communiquer avec ceux d'un autre,
il est certain que depuis que ces obstacles
existent, les espèces se sont constituées à
part dans chacun de ces continents, mers
ou régions, sans pouvoir se fondre par le
croisement, quand même il y eût eu pour
cela un rapprochement suffisant de constitution.

Mais, une fois les espèces constituées, on
conçoit qu'il puisse, qu'il doive même se
produire *exceptionnellement* quelques cas
de dispersion accidentelle hors de ces bar-

rières naturelles, puisqu'elles sont rarement
absolues  C'est précisément ce qui arrive ;
car il suffit qu'un transport soit possible
dans le cours des âges, pour qu'il puisse
arriver *exceptionnellement* aussi. On remarque en effet que les exceptions les plus
nombreuses sont relatives aux êtres dont
le transport accidentel est le plus facile,
tels seraient une branche ou un tronc, entraînés sur la mer, au gré des vents et des
courants, transportant de rivage en rivage
des graines et même des insectes. De plus,
les plantes herbacées pouvant être transportées plus facilement et mieux s'accom-
moder au sol que les arbres, sont aussi plus
répandues ; tandis que certaines espèces de
mammifères ne peuvent communiquer que
beaucoup plus difficilement, plus rarement
ou même pas du tout, sauf quelques cas :
comme par exemple celui où un isthme
relierait accidentellement des îles aux continents ; comme cela paraît avoir eu lieu
aux îles de la Sonde, ou bien encore celui

d'un transport par des glaces flottantes. Si l'on remarque, dis-je, que la fréquence de ces exceptions existe précisément en raison de la facilité de transport que possèdent les espèces, cette circonstance devient une confirmation même de la loi. Toutefois nous signalerons dans la seconde partie de cet ouvrage, à l'égard de l'extension des êtres simples, une grande cause d'erreur qu'il ne faut pas confondre avec les cas de dispersion.

Quant aux variations ou à l'absence de variations que subissent ces émigrants dans leurs nouvelles stations et dont on a vainement cherché la cause, elles dépendent principalement du sol qui peut être semblable ou différent, les autres causes n'étant qu'accessoires.

En outre, il est bon de remarquer que des variations peuvent s'être opérées à des époques très-reculées. Des circonstances diverses ont pu amener des divergences de caractères, des transformations d'espèce;

puis par de nouvelles transformations, des rapprochements de caractères, si les conditions se trouvent de nouveau analogues. C'est encore ainsi que pour les plantes, qui, plus que les animaux, sont soumises aux actions climatériques, on voit les faunes Alpines différer des autres, et, par la même raison, présenter certaines analogies sur des points très-éloignés les uns des autres.

Pour la faune d'eau douce répandue dans des rivières ou des lacs séparés, les mêmes causes peuvent aussi avoir amené des résultats analogues. Une même espèce appartenant à la mer peut se transformer de la même manière, en passant dans de mêmes conditions; mais les œufs peuvent très-bien être transportés d'une rivière à l'autre par les oiseaux aquatiques qui les fréquentent tour à tour, remplissant pour cette faune une œuvre analogue à celle que remplissent pour les plantes les insectes et les oiseaux.

M. Darwin cite beaucoup de faits propres à éclairer cette distribution, entre autres les suivants : « Deux fois j'ai vu, dit-il, un canard émerger d'un étang, couvert de lentilles d'eau, avec quelques-unes de ces plantes encore adhérentes aux plumes de son dos. J'ai suspendu une patte de canard dans un vivier où beaucoup d'œufs de coquillages étaient en train d'éclore et je la trouvai bientôt couverte d'un grand nombre de coquillages tout fraîchement éclos ; ils y adhéraient si fortement que je ne pus les en détacher en la secouant hors de l'eau. Ainsi émergés, ces coquillages vécurent de douze à vingt-quatre heures. »

Un grand fait qui confirme la distribution des espèces en raison de la facilité d'extension, c'est qu'entre les espèces d'un même pays ou d'une même région, bon nombre sont communes, tandis que, lorsqu'il s'agit de régions éloignées, on les trouve fort différentes malgré la similitude des conditions climatériques et autres.

En prenant un autre ordre de faits, les reptiles dont les moyens de migration sont les plus restreints offrent les habitats d'espèce les moins étendus des faunes spéciales. Les oiseaux qui ont, au contraire, la plus grande facilité de déplacement, présentent les délimitations les moins tranchées.

Nous nous bornons à ces quelques détails sur les dispersions accidentelles d'espèces qu'une grande diversité de circonstances peut produire.

Cette distribution correspond donc d'une manière évidente non avec certaines *influences de contrées*, mais avec les *barrières naturelles* qui ont amené les relations entre espèces, genres, familles, etc., puisque l'on voit que ce ne sont pas les contrées qui régissent cet ensemble, mais bien les barrières, et cela à tel point que l'obstacle qui est une barrière pour telle espèce et non pour telle autre agit précisément en raison de cette condition.

D'autre part, on ne peut dire que l'une de ces régions ne convient pas aux espèces de l'autre, puisque si on les y transporte, elles s'y propagent très-bien.

Nous reconnaissons ainsi : la formation spéciale des espèces dans les localités où elles sont confinées ; ensuite, leur dispersion proportionnelle à la facilité d'extension qu'elles présentent et leurs modifications selon le sol.

Tout cet état de choses est donc la conséquence la plus exacte, la plus rigoureuse, des lois que nous venons d'exposer. Quant à l'homme, si on le retrouve sur tous les continents, nous savons que sa supériorité lui a permis de franchir les mers et de braver les intempéries. Cette condition exceptionnelle est la conséquence de ses facultés supérieures.

Mais, ajoute M. Flourens : « Si les espèces sont différentes, elles sont *parallèles*, et cette loi du parallélisme entre les espèces vivantes, on la retrouve entre les espèces fossiles. Espèces vivantes, espèces mortes, dit-il, espèces d'un continent, espèces de l'autre, c'est toujours un même retour, un même fond de type, un même cadre; le règne animal est un. »

Le règne animal est un, certes, voilà un fait qui est loin d'être en faveur de sa prétendue distinction éternelle des espèces.

Autant de faits, autant d'affirmations des lois que nous exposons. Les êtres étant régis par le sol, et le sol d'un continent s'étant perfectionné progressivement comme celui de l'autre, une cause analogue a produit des effets analogues; le progrès du sol celui des êtres, la même loi, le même enchaînement.

On pourrait citer une foule d'exemples qui montrent comment les espèces se sont formées; mais le principe de leur formation, que nous avons posé, paraît si évident par lui-même, qu'il semble inutile d'insister davantage.

On comprend maintenant la juste portée des termes que nous acceptons. Ainsi, l'on sentira que par genre, espèce ou race, nous n'entendons pas désigner des êtres essentiellement différents, mais en général plusieurs âges ou plusieurs états de développement des mêmes êtres.

Quant à la disparition des espèces, quelques mots suffisent à l'expliquer. Elle est la condition nécessaire de l'équilibre vital dans les êtres organisés. Les facultés productrices du sol ayant une limite, les espèces les moins bien appropriées à l'époque et aux conditions de vie doivent naturellement s'éteindre devant celles qui le sont mieux. Et, les espèces nouvelles doivent le plus souvent l'emporter sur celles qui ont reçu une organisation moins avancée, ou qui étaient plus particulièrement propres à une époque antérieure.

Établir la transformation des espèces en

raison des modifications du sol, depuis les premiers âges, c'est franchir tous les degrés qui les séparent, c'est passer graduellement de l'être le plus simple au plus perfectionné, c'est dévoiler la création de l'homme!... Les facultés psychologiques ou instinctives et mentales se modifiant en raison du degré de perfection physiologique, c'est dévoiler aussi l'origine de tous les instincts, comme de la plus haute intelligence.

IX

## EXAMEN DES SYSTÈMES ET DÉTAILS
### SUR LES ESPÈCES.

Maintenant jetons un coup d'œil sur les
principes des diverses écoles. Prenons d'a-
bord les argumentations soutenues par
Cuvier, Blainville et leurs successeurs relativement à la fixité de l'espèce. Nous allons voir combien elles sont peu fondées
comme principe exclusif, mais avec quelle
facilité les faits qui en forment la base rentrent sous les lois que nous venons de faire

connaître , malgré les apparences qui avaient semblé contradictoires.

Nous suivons, disent-ils, un certain nombre d'espèces animales ou végétales jusqu'aux premiers temps historiques et même plus loin. Nous remontons même au delà des limites de l'époque géologique actuelle, et nous voyons encore certaines espèces identiques à ce qu'elles sont de nos jours.

Précisons les faits.

A l'appui de la fixité de l'espèce, les plus puissants exemples que l'on ait cités sont des baobabs observés au cap Vert par Adanson, et qui, d'après les couches concentriques de la séve annuelle, doivent remonter à plus de cinq mille ans; un autre baobab, observé par Golbéry, atteignait trente-quatre mètres de pourtour, et par conséquent devait remonter à un plus grand âge encore. En outre, on a tout récemment découvert en Californie une espèce de pin, dont l'un des immenses troncs présente six mille couches annuelles. Et, dit—on, la flore de ces vétérans du règne végétal est semblable aux jeunes sujets de la même espèce.

Enfin l'exemple le plus remarquable, ce sont des graines trouvées dans les sables du diluvium, qui ont conservé leurs propriétés germinatives, et qui ont donné des individus entièrement semblables à ceux qui ont poussé dans les conditions actuelles. Tel est certainement l'exemple le plus extraordinaire.

Pour expliquer ces faits, qui paraissent contraires à la transformation, nous ferons simplement, remarquer que ce dernier, le plus extraordinaire, n'a rien que de naturel, puisque l'on voit des espèces se maintenir pendant plus d'une époque géologique; ce qui s'explique parfaitement selon notre théorie, par le cas où une espèce nouvelle se répand sur diverses variétés de terrain dont les races continuent à se croiser et empêchent la transformation. De plus, la graine pouvait d'autant mieux avoir déjà reçu un certain degré d'avancement sur les autres races ou variétés de son époque, qu'elle sort d'un des terrains les plus récents, dit le diluvium.

Il n'y a donc, selon la loi que nous avons exposée, rien dans ce fait qui sorte des conditions que nous observons dans la nature et qui sont expliquées par nos lois.

Quant aux arbres qui font remonter l'existence de leur espèce à plus de six mille ans, il n'y a rien là que de très-ordinaire, puisque les espèces ne se transforment pas dans une proportion relative au temps qui s'écoule, mais en raison des conditions où se trouvent des variétés qui passent sur un meilleur sol. Dès lors, en outre des causes indiquées ci-dessus, les racines de ces doyens du règne végétal sont des témoins irrécusables pour attester qu'ils n'ont jamais émigré, jamais changé de sol. Remarquons, de plus, que ces arbres appartiennent aujourd'hui aux terrains anciens de notre époque, et que par consé-

quent la formation de leur espèce doit remonter très-haut. Rien donc qui ne soit
parfaitement conforme à la théorie que
nous développons.

Lorsque l'on parle de la persistance des
types et des espèces, on ne manque jamais
de mentionner l'Égypte. Ce qu'on devrait
s'étonner de rencontrer en ce pays, ce
n'est pas la persistance des types, mais
leur changement, attendu que nulle région
n'a mieux maintenu l'ensemble de ses conditions. Toujours comme au temps des
Pharaons, même sol d'alluvion, même phénomène d'inondation annuelle. Donc, même
sol et mêmes conditions donnent nécessairement mêmes produits.

Si les espèces se tranforment, dit aussi
l'école de la fixité et particulièrement
M. Flourens, pourquoi ne voyons-nous pas
ces transformations ?

Ce savant qui a mis sous clef le chien et
le chacal, dans l'espoir d'obtenir par ce
moyen des espèces nouvelles, doit en effet

penser qu'il suffit d'entr'ouvrir une porte ou de lever le coin d'un rideau pour voir cette opération.

Nous venons de voir, au contraire, qu'il faut une région du globe remplissant des conditions particulières d'isolement et de sol, où une variété puisse s'isoler de ses congénères. Dans ces conditions il est donc très-difficile d'observer la transformation, mais il est encore plus difficile de la nier, tant qu'une grande partie du globe et des espèces nous sont inconnues. Aussi qu'ar-rive-t-il? C'est que chaque fois que l'on décrit une espèce nouvelle, on suppose simplement qu'elle n'était pas encore connue; il ne saurait en être autrement puisqu'on ne peut vérifier si sa formation est récente.

Pourtant il est des faits propres à nous éclairer. Ainsi, parmi les plantes, qui sont plus localisées que les animaux, telles espèces d'un même genre, qui, du temps de Linné, n'étaient que de vingt, se sont élevées aujourd'hui à plus de cent vingt. Ainsi encore, nous savons que le nombre des espèces, depuis les premiers âges géologiques jusqu'à nos jours, a été en augmentant, et que leur naissance est répartie et ne coïncide pas avec des cataclysmes ou mouvements géologiques. Dès lors, c'est qu'il s'en forme plus qu'il ne s'en éteint. Nous pouvons de la sorte avoir une idée de ce mouvement en voyant ce qui se passe sous le rapport des extinctions qui sont plus faciles à constater. Eh bien ! depuis notre ère seulement, on a constaté l'extinction du *bos ursus*, dont parle César, du grand élan, des drontes, des solitaires, ces gallinacés très-répandus jadis aux îles Mascaraignes. Donc, pour que le nombre des espèces progresse comme le veut une plus grande variété de terrain à notre époque, ou seulement pour qu'il se maintienne, il faut *qu'il s'en forme et même qu'il s'en forme plus qu'il ne s'en éteint.*

D'après cela on conçoit qu'il est fort

difficile de faire des observations directes.
Pourtant nous allons en signaler plus
loin. Mais M. Flourens, bien qu'avec un
autre but, s'est jusqu'à un certain point
chargé lui-même de nous montrer les deux
côtés de la question, c'est-à-dire la nécessité de la modification d'espèces et la puissance de la loi du groupement en espèces;
en d'autres termes, comment un certain
nombre d'individus d'une espèce donnée
peuvent passer dans une autre espèce sans
laisser de traces sensibles de leur mutation. Et c'est sur ces expériences mêmes et
sur l'apparente immutabilité de l'espèce
qu'elle donne, que l'école de la fixité fonde
le plus ses principes.

La position éminente de M. Flourens,
membre et secrétaire perpétuel de l'Académie des sciences, membre de l'Académie
française, et la date récente de ses livres,
les recommandent à notre attention. Examiner ces ouvrages, c'est d'ailleurs examiner les principes de l'école dont l'auteur

fait partie. M. Flourens s'exprime ainsi dans son *Ontologie naturelle:*

« La vie ne commence pas à chaque nouvel individu, elle se continue…. C'est une chaîne dont tous les anneaux se tiennent; *si un anneau vient à manquer, l'espèce est perdue; elle ne renaît plus.* » Suit l'énumération d'exemples de cette disparition d'espèces.

Dès lors nous trouvons encore ici pour les âges passés la confirmation de ce que nous venons de dire pour l'époque actuelle, puisque nous savons que les espèces disparues ne reparaissent plus et qu'à notre époque même nous avons constaté plusieurs de ces disparitions, que d'autre part nous savons également que plus le globe vieillit et plus aussi les espèces sont nombreuses. La plus simple logique nous affirme en effet *qu'à tous les âges, il se forme de nouvelles espèces.*

M. Flourens, sentant la faiblesse de son système, n'a rien trouvé de mieux que

de nier l'augmentation du nombre des espèces, comme si la paléontologie n'était pas
là pour nous affirmer le contraire ; mais il
suffit qu'il en naisse, et que les espèces
actuelles ne se trouvent pas dans les terrains anciens, pour être certain qu'elles se
sont formées depuis ; ce qui revient au
même.

En même temps qu'il dit que les espèces
disparaissent, M. Flourens prouve ainsi la
fixité de l'espèce :

« L'espèce est de soi impérissable, éternelle.

« Et, puisqu'elle est éternelle, elle est
fixe [1]. »

Se tire qui pourra de cette contradiction.
L'espèce *disparaît*, l'espèce *naît*, *meurt*,
l'espèce est *éternelle!* et c'est là-dessus
qu'il fonde sa fixité! Mais son chapitre sur
la fixité de l'espèce ne contient pas ce seul
argument nouveau, après ceux connus et

---

[1] *Ontologie naturelle*, 3ᵉ édit., page 18.

dont nous avons déjà parlé, il se termine par le suivant :

« Aristote distribue le règne animal en neuf classes générales : les quadrupèdes vivipares et ovipares, les cétacés ou mammifères marins, les oiseaux, les poissons, les mollusques, les testacés, les crustacés et les insectes.

« Eh bien! de ces *classes anciennes* le règne animal n'en a perdu aucune et n'a acquis *aucune classe nouvelle*. Depuis Aristote le règne animal est resté le même » (sauf, comme on le sait, des changements *dans les espèces*).

« La fixité de l'espèce est de toute l'histoire naturelle le fait le plus important et le plus complétement démontré. »

Ainsi, parce qu'il y a toujours, comme au temps des descriptions très-incomplètes d'Aristote, des mammifères, des poissons et *autres classes*, M. Flourens reconnaît en cela la fixité de *l'espèce* complétement démontrée! Et, ce qu'il y a de plus extraordinaire, c'est qu'il reconnaît aussi (p. 221) que ces mêmes cadres, *genres*, *ordres*, *classes*, etc., qui « étaient faits quand la découverte de l'Amérique vint enrichir l'histoire naturelle d'une masse d'êtres nouveaux, les *reçurent naturellement.* »

D'où cette conclusion absurde : ces cadres peuvent recevoir tous les êtres d'un nouveau continent dont les espèces sont très-différentes, que des milliers de siècles et de générations séparent. Mais si ces cadres ne changent pas pour recevoir des êtres d'un même continent et qu'un ou deux milliers d'années seulement séparent, c'est que l'espèce est fixe! M. Flourens est loin de songer que sinon pas une classe, mais une seule espèce a disparu dans ce faible laps de temps et qu'une seule espèce nouvelle ait été décrite, cela suffit pour que ses affirmations de fixité n'aient aucune certitude, et nous savons précisément que plusieurs espèces sont dans ce cas depuis moins longtemps encore.

A l'égard des races, M. Flourens décrit surtout l'influence de l'homme par la sélection comme propre à leur donner naissance ; mais le remède se trouve à côté du mal, et quelques lignes plus loin, il constate que ces variations ne sont qu'artificielles et fugitives : « Ce qui le prouve, dit-il, c'est qu'à la première occasion donnée elles s'effacent, la race disparaît. » Cette occasion c'est le sol, et il le montre encore en disant : « L'influence qui fait la chèvre, le lapin, le chat d'Angora est circonscrite par le fleuve Halys ; de l'autre côté du fleuve, les chèvres n'ont plus la même qualité de poil. Quelquefois, à Angora, la mortalité frappe les troupeaux : les éleveurs achètent alors des chèvres ordinaires auxquelles ils donnent le bouc d'Angora ; au bout de trois générations, la race des chèvres d'Angora se trouve reproduite. »

Cela tient donc aux influences locales,

sans quoi le bouc pourrait aussi bien agir de l'autre côté du fleuve.

Notre auteur passe ensuite aux travaux de Cuvier et de Blainville. Le premier, dans ses magnifiques découvertes, a dévoilé de grands faits : Les êtres se sont succédé d'âge en âge selon que l'indiquent les couches géologiques. Là-dessus on a fait diverses hypothèses, entre autres celle des créations successives et des destructions par des cataclysmes. Je dis *on a fait* des hypothèses ; car Cuvier s'exprime ainsi : « Lorsque je soutiens que les bancs pierreux contiennent les os de plusieurs genres, et les couches meubles ceux de plusieurs espèces qui n'existent plus, je ne prétends pas qu'il ait fallu une *création nouvelle* pour produire les espèces aujourd'hui existantes ; je dis seulement *qu'elles n'existaient pas dans les lieux où on les voit à présent, et qu'elles ont dû y venir d'ailleurs.* »

De Blainville est frappé d'un autre grand

fait : c'est que la géologie et même la paléontologie accusent plutôt des mouvements terrestres et des destructions lentes
d'animaux, que ce que l'on peut appeler
des cataclysmes proprement dits. Et il en
conclut avec raison qu'il n'y a pas eu de créations ni de destructions successives. Mais
il fait aussi son hypothèse d'une création
unique et primitive de toutes les espèces.

Si nous négligeons les hypothèses, que
nous ne nous attachions qu'aux faits qui
ont frappé Cuvier et de Blainville, nous reconnaissons que non-seulement ils rentrent
dans les principes que nous exposons,
mais qu'ils sont justifiés par eux.

Vous croyez que M. Flourens va s'attacher à ces *faits* en apparence discordants,
pour les expliquer, les concilier, point du
tout. Il les rejette au second plan, ils ne lui
servent qu'à discuter les *hypothèses* pour
savoir laquelle présente le plus de probabilité ; il néglige même les travaux modernes
cependant si précis, ce qui nous dispense

de le suivre plus loin dans son *Onto-logie*.

Pourtant ne fermons pas ce livre sans rappeler un point qui mérite de l'être. « Malgré la variété des espèces, dit-il, c'est toujours un même retour, un même fond de type et un même cadre : *Le règne animal est un*[1]. » Sur ce point M. Flourens est bien près de la vérité. Il examine aussi la discussion entre Cuvier et de Blainville, sur les espèces fossiles. Mais tant que les os ou autres traces fossiles ne pourront nous révéler le point où la fécondité continue des êtres cesse d'avoir lieu, cette discussion nous semble superflue. La distinction des êtres en espèces qui demeure incomprise, jette sur tout cela un voile impénétrable.

On le voit, le nœud de ce grand problème est tout entier dans la question de la formation des espèces. C'est là qu'il faut porter nos recherches.

[1] *Ontologie*, page 218.

Voici donc ce que dit M. Flourens dans son ouvrage intitulé : *Examen du livre de M. Darwin sur l'origine des espèces*[1].

« Buffon avait déjà vu des *métis* de chien et de loup ; et, sous la surveillance de M. Frédéric Cuvier, notre Ménagerie en a eu souvent.

« On n'en peut pas dire autant des *métis* de chacal et de chien. Je crois être le premier qui les ait fait connaître.

« En 1845 j'obtins, de l'union de l'espèce du chien avec l'espèce du chacal, trois *métis*.

« Le *métis* du chacal et du chien tient à peu près également du chacal et du chien. Il a les oreilles droites, la queue pendante ; il n'aboie pas : il est aussi chacal que chien.

« Voilà pour la première génération. Je continue à unir, de génération en génération, les produits successifs avec l'une

---

[1] Pages 105, 110 et 111.

des deux espèces productives, avec celle du chien, par exemple.

« Le *métis* de seconde génération n'aboie pas encore ; mais il a déjà les oreilles pendantes par le bout ; il est moins sauvage.

« Le *métis* de la troisième génération aboie ; il a les oreilles pendantes, la queue relevée ; il n'est plus sauvage.

« Le *métis* de la quatrième génération est tout à fait chien.

« Quatre générations m'ont donc suffi pour ramener l'un des deux types primitifs, le type chien ; et quatre générations me suffisent de même pour ramener l'autre type, le type chacal. »

En outre, M. Flourens cite les expériences de MM. Decaisne et Naudin qui sont arrivés à des résultats analogues sur des végétaux, sauf toutefois que ce dernier a rencontré, à travers ce retour général vers les espèces, des sujets hybrides féconds entre eux, mais alors dont les rejetons varient individuellement et sans aucune fixité tant qu'on les préserve du croisement avec les espèces assises. Car, dans ce cas, le pollen de celles-ci ayant plus de puissance pour transmettre l'hérédité, en les fécondant les fait retomber dans ces espèces déterminées. En un mot, ces hybrides ne forment pas souche de race ni d'espèce.

Par les expériences de M. Flourens, nous voyons l'efficacité de la fécondité qui produit le groupement des espèces, pousser sa puissance jusqu'à prendre des individus d'une espèce voisine pour les unir à une autre, et cela sans presque laisser de trace de cette mutation qui se trouve ainsi démontrée jusque dans ses effets les plus extrêmes.

Cette trop complète mutation paraît dérouter M. Flourens; il aurait voulu imposer à la nature ce moyen de faire des espèces intermédiaires, et parce que la nature n'est pas de son avis, il en conclut l'impossibilité, comme s'il ne pouvait pas

exister un autre moyen d'arriver à ce résultat.

Écoutons ses conclusions. A défaut de
preuves, elles ne manquent pas d'affirmations.

« Qu'est ce retour vers la démarcation
*éternelle*, *infranchissable* des espèces....
sinon l'indice de leur *inébranlable* fixité....
Si l'espèce changeait, ajoute M. Flourens,
l'hybridation serait *assurément* le moyen
le plus direct et *le plus efficace* d'opérer
ce changement. Point du tout, l'hybridation est le moyen qui met *le plus complétement* dans son jour la fixité de l'espèce. »

Ainsi, M. Flourens veut que ce soit
*assurément* là le moyen *le plus efficace*
d'obtenir des espèces; et, en cela, il a
beaucoup d'approbateurs. M. Coste, qui a
fait des expériences analogues sur la truite
et le saumon, est aussi de cet avis. Mais il
suffit de quelque réflexion pour voir le
contraire. De deux choses l'une : ou ces
croisements produiraient toutes sortes de

degrés entre les espèces, et alors il les fondraient les unes avec les autres, ce qui n'est pas dans la nature, ou ils produiraient un type moyen; et, dans ce cas, on ne pourrait obtenir que des espèces moyennes entre deux espèces données. Dès lors, il faudrait que la nature eût produit primitivement le type le plus infime et le type le plus parfait, non-seulement pour obtenir une espèce intermédiaire, mais pour chacune d'elles, à cause de leurs caractères différents. Et ce moyen est complétement opposé aux lois de la nature qui ne procède que de proche en proche par degrés insensibles et non d'abord par les extrêmes.

On ne saurait trop le faire remarquer, parce que la nature a un autre moyen de former des espèces et qu'elle emploie le croisement (dont l'hybridation n'est que l'application extrême) pour grouper les êtres en espèces distinctes, parce que M. Flourens n'a pas le pouvoir d'intervertir les rôles, il se prononce nettement pour l'impossibilité de la formation d'espèces nouvelles. Pourtant ce n'est là qu'une opération négative ; comme on peut en faire une infinité d'autres si l'on ne prend pas la bonne voie. Ce résultat ne prouve donc rien contre la transformation. Toutefois, il était impossible de mieux démontrer la puissance du croisement pour grouper les êtres en espèces distinctes. Il ne reste à M. Flourens qu'à revenir aux voies de la nature, au lieu de vouloir lui en imposer. Car, les nombreuses affirmations que j'ai soulignées ci-dessus ne sauraient renverser les lois naturelles.

Cependant, examinons cette expérience; elle ne sera pas sans résultat.

Si l'on cherche à créer une nouvelle espèce par le croisement, on échoue ; ce qui est bien naturel, puisque, dans la nature, son but est contraire, c'est-à-dire qu'il unifie les êtres qui y sont soumis au lieu de les diversifier ; en d'autres termes, son but est de grouper les êtres en espèces distinctes.

Il n'y a, du reste, rien d'extraordinaire dans ce fait que les métis se rapprochent de l'une des races, au lieu de rester inter—médiaires.

Lorsque l'on marie un bossu ou un boiteux avec une personne bien constituée, on ne s'étonne nullement que l'enfant qui naît d'eux ressemble à celui des parents qui est régulièrement constitué, ce qui nous montre qu'une conformation acciden-telle non assise par une longue suite de générations a moins de puissance sur le produit que celui qui remplit ces qualités. En alliant un hybride avec un être ap—partenant à une race bien assise, vous êtes dans le même cas.

Quand une race est modifiée trop subi-tement, elle diminue de fécondité. M. de Quatrefages cite des porcs de race anglaise qui, importés en France, perdirent leur fécondité et ne la retrouvèrent que lors—

qu'on les allia à d'autres porcs de leur race primitive. Ce fait nous montre de même qu'un changement trop subit nuit aux facultés génératrices. La science nous dit également qu'une espèce ne peut se perpétuer au moyen d'un seul couple, d'une seule famille, les unions consanguines suffisant à vicier l'hérédité. Il y a même plus; on sait que les hybrides pèchent généralement par les organes génitaux; à plus forte raison, pourquoi s'étonner que l'être le plus anciennement constitué l'emporte dans le résultat, et qu'il se produise un retour vers son type? Ce n'est pas tout encore, les expériences de M. Flourens montrent qu'il a allié l'hybride avec l'une des espèces naturelles, et qu'il a ainsi fait dominer l'un des sangs. Dans ce cas, il n'est pas même certain que, si l'on introduisait successivement par le même procédé, un grand nombre d'individus d'une espèce dans une autre, cette dernière ne serait pas modifiée.

Mais d'après les conclusions des expériences, la nature se refuse à faire une nouvelle espèce, et la limite de fécondité entre espèces différentes viendrait surtout de ce que les produits hybrides pèchent ordinairement par les organes de la reproduction. Fait constaté aussi bien chez les espèces végétales que chez les espèces animales. Sous ce rapport, ce qui se passe entre races fortement séparées, se rapproche des faits que produit l'hybridation ; circonstance qui montre aussi le rapprochement qu'il y a entre les races et les espèces encore voisines.

L'espèce n'est constituée que parce que les hybrides ne peuvent pas se perpétuer ; sans quoi, ils formeraient, non pas une espèce, mais un groupe intermédiaire qui, étant fécond avec les deux espèces voisines, les fondrait nécessairement en une seule, et il en serait de même entre cette nouvelle espèce et une autre ; jusqu'à ce que les produits de l'hybridation atteignent la limite où ils cessent de pouvoir se reproduire. Alors, seulement, l'espèce est constituée.

Si le mulet, par exemple, produit de l'âne et du cheval, était fécond, il se croiserait plus facilement encore avec ses deux espèces mères et donnerait, avec l'une, des êtres qui seraient en moyenne aux trois quarts cheval ; avec l'autre, des individus qui seraient aux trois quarts âne. Ces nouveaux êtres, plus rapprochés entre eux que l'âne et le cheval, produiraient aussi un mulet comme type moyen. Ainsi, type extrême comme type déjà modifié, tendraient à produire le type moyen. Car, ne l'oublions pas, lorsqu'il s'agit du mélange d'un grand nombre d'individus, les variations exceptionnelles ou extraordinaires se fondent toujours dans la moyenne si la fécondité peut agir.

Par la même marche, continuée pendant un certain nombre de générations, cet effet se produisant dans tous les pays où ces animaux vivent librement, le type du cheval et celui de l'âne disparaîtraient en se fondant en une seule espèce moyenne semblable au mulet.

Mais si cette fécondité fût demeurée possible, elle aurait produit l'unification aussitôt que les deux natures d'êtres se seraient trouvées ensemble, après avoir été suffisamment séparées pour que le sol les eût différenciées. Ensuite l'espèce mulet aurait continué à se produire, elle eût été la seule que nous eussions connue ; car les variétés cheval et âne eussent duré si peu de temps, comparativement aux longues périodes que vivent les espèces, qu'il serait extrêmement difficile pour la paléontologie d'en trouver les traces.

Au lieu de cela, l'âne et le cheval se sont trouvés assez séparés pour ne plus pouvoir donner ensemble des êtres féconds, et ce sont les formes de transition qui leur ont donné naissance qui ont promptement disparu.

13

Ainsi, il est heureux que M. Flourens ou d'autres ne puissent faire de nouvelles espèces par ce moyen; car, pour une qu'ils nous donneraient, ils en détruiraient deux; tandis que la nature, en général, d'une en fait plusieurs.

Même les savants qui admettent la transformation des êtres, n'ont pas compris pourquoi ils sont divisés en espèces distinctes. Il en est qui supposent que les êtres intermédiaires ont été exterminés par les nouvelles variétés; d'autres supposent une division momentanée des continents en îlots qui auraient ainsi amené séparément la formation d'espèces distinctes. M. Darwin l'attribue à son hypothèse d'élection et de concurrence vitale, M. Agassiz, à une sorte de germe qui renouvellerait les espèces comme les individus.

On conçoit à peine toutes ces hypothèses, toutes ces recherches, quand on songe que la fécondité même ne permet pas à des êtres de demeurer avec de faibles différences entre des espèces, sans qu'ils soient groupés avec l'une ou l'autre, chaque fois que cette différence n'est pas assez forte pour former une autre espèce.

On ne comprenait suffisamment que les vides qui se font par extinction d'espèces entières, ou par une série de divergences d'une même espèce, dans plusieurs directions différentes.

Pourtant le groupement s'étend jusqu'à la mutation des individus d'autres espèces que peut atteindre la fécondité, c'est-à-dire qu'il reste encore possible lorsque les espèces sont déjà distinctes, mais encore voisines. Raison de plus pour qu'on ne puisse pas rencontrer d'êtres intermédiaires entre elles.

Dame nature est ainsi parfaitement dans son rôle, et il semble tout naturel en effet d'admettre que si vous voulez employer le croisement pour un but autre que celui auquel il est destiné, vous ne réussissiez pas.

Ce n'est pas tout. Par ces expériences,

une autre objection se trouve doublement
expliquée ; et l'on voit, par ces métis si
rares en comparaison des millions d'êtres
régulièrement produits dans l'espèce, pourquoi les formes de transition sont encore
plus introuvables pour la paléontologie,
lorsque c'est la fécondité qui agit, que
lorsque c'est le sol. Néanmoins, quand on
parle à M. Flourens des formes transitoires
que ne montre pas la paléontologie, « ex-
terminées ou non, répond-il à M. Darwin,
je dois en trouver les restes, et cela seul
m'importe. »

Si les documents paléontologiques n'ont
révélé que de très-rares chaînons entre les
espèces, c'est qu'en effet ils ne pouvaient
faire plus, puisque l'époque de transformation ne dure que très-peu, en comparaison de l'époque de stabilité et agit sur
un petit nombre d'individus.

Quand M. Flourens ne les voit pas, ces
êtres de transition, lorsqu'il les tient en
cage, qu'il les fait accoucher sous ses yeux,

comment espérer le satisfaire par la paléontologie où ils sont si rares et généralement défigurés. Dans ce cas, il serait bon de savoir borner son exigence [1].

Oui, dit–on encore, cela est bien la manière dont quelques individus passent d'une espèce dans une autre par le procédé du groupement en espèces; mais vous ne nous montrez que par ses effets, par analogie, etc., et à des époques que nous ne pouvons voir de nos propres yeux, la transformation des races en espèces distinctes. Et, nous sommes très–exigeants : nous ne voulons que des faits présents, palpables, indubitables; bien que, pour notre part, nous ne nous chargions que d'offrir des mystères.

Cela est très-vrai, c'est faire la partie bien inégale, c'est beaucoup d'exigence.

Voyons pourtant :

---

[1] Qu'on veuille bien me passer cette forme de discussion ; j'y suis entraîné par le ton même du livre de M. Flourens qui m'occupe ici.

Les faits que nous allons mettre sous les yeux, vont montrer comment la transformation des races en espèces, peut s'opérer pendant une époque de transformation géologique très-lente ou même presque insensible.

Quelques détails préliminaires sont utiles.

Pour que la transformation de races en espèces distinctes devienne réelle, les faits nous font reconnaître qu'il ne faut pas seulement une différence accidentelle ou de sélection peu soutenue ; comme celle des êtres difformes, des nains, des hybrides, etc. Il faut que ces différences, quoique moins apparentes, conviennent au milieu et soient suffisamment soutenues, pour que des modifications plus intimes aient le temps de se produire : c'est ce que nous reconnaissons, entre autres, dans le cas dont nous allons parler plus loin.

De nos jours nous voyons sur des terrains différents, mais rapprochés ou entrecoupés, le croisement qui unifie, combattre vigoureusement l'effet du sol ou même du milieu artificiel qui diversifie. Cet effet et sa contre-partie nous sont montrés par les animaux domestiques et en particulier par le chien ; lorsque l'homme en empêche le croisement libre ou qu'il dirige sa sélection, il se produit une grande variété de type dans l'espèce ; mais que ces animaux soient de nouveau abandonnés à leurs instincts naturels, ils reprendront par les croisements libres une nouvelle unité de type, comme nous le voyons par les chiens qui vivent dans les rues de Constantinople ou sous la tente arabe, comme nous le voyons encore par les chevaux, transportés d'Europe en Amérique et qui, presque abandonnés à eux-mêmes dans de vastes pâturages, reprennent un même type et une couleur à peu près uniforme : le bai châtain.

C'est encore par cette raison, que dans des bassins qui favorisent les croisements, on voit une tendance à l'unité de type, malgré le peu d'homogénéité du sol ; mais il n'en est pas ainsi lorsque des terrains de même nature sont vastes ; ou bien lorsque les peuples ou d'autres êtres sont fortement séparés par des mers, des déserts ou autres obstacles ; l'action du sol n'étant plus combattue que par de rares croisements.

Arrivons donc aux faits.

En prenant l'espèce humaine pour appliquer ces remarques, nous voyons le croisement entre races peu différentes donner de très-bons résultats, tandis que de l'union de l'Européen avec certains nègres d'Afrique ou d'autres populations dégradées on n'obtient que des résultats d'hybridation, c'est-à-dire *des effets même d'espèces différentes.* M. Vallon a encore récemment constaté ce fait [1]. Il en est de même entre l'Européen et l'Australien

1. *Bulletins de la Société de géographie* (mai 1864, page 371).

*des régions anciennes.* Cette distinction
du sol est des plus importantes, elle est
cause des apparentes contradictions que
l'on a signalées; on ne voulait voir sur ce
continent que ce qu'on appelait *la race*
*australienne*, tandis qu'il faut y voir autant de races que de terrains suffisamment
distincts et qui donnent par conséquent
les résultats différents qu'on a observés.
Mais, dit-on, les nègres changés de sol,
transportés en Louisiane, par exemple, ne
donnent plus avec le blanc les résultats
d'espèces différentes. — Oui, cela est vrai,
puisque l'action très-puissante du sol de
ce pays rapproche promptement le nègre
du blanc; mais si, au lieu de rapprocher
le nègre par un terrain favorable, on l'eût
éloigné davantage en le reportant sur
un sol plus mauvais, les caractères d'espèces différentes se fussent au contraire
prononcés davantage, et cette remarque
est complétement à l'appui de la transformation des races en espèces, avec la

seule condition d'un changement de terrain suffisamment accentué et prolongé.

Ainsi, en prenant des races européennes et nègres, telles que nous les voyons, que faut-il pour qu'elles deviennent espèces distinctes? D'abord une plus grande différence de sol pour surmonter l'effet des rares croisements; mais moins encore, il suffirait qu'une cause quelconque empêchât d'agir le croisement avec les races intermédiaires; et celui-ci cessant complétement d'apporter des éléments plus parfaits au nègre, il s'écartera davantage du type favorisé, n'étant plus soumis qu'au sol qui différencie. Le même effet se produisant en sens inverse, sur l'homme avancé qui ne s'allierait plus avec des éléments inférieurs, on aurait nécessairement des espèces plus tranchées : je dis espèce, puisque les caractères d'espèce se manifestent déjà dans l'état actuel.

On le voit, la limite de la race et de l'espèce n'est qu'un équilibre conditionnel entre les deux influences contraires que nous avons décrites : celle du sol qui diversifie, et celle de la fécondité qui unifie. Donc, pour les êtres qui subissent une action de croisement plus forte que celle du sol, les races ou variétés se rapprochent, se concentrent, et l'espèce devient plus distincte. Au contraire, si l'action du sol l'emporte, les caractères spécifiques diminuent de netteté, ceux des variétés augmentent, et, poussée assez loin, la variété devient nécessairement espèce.

Dans cette sorte d'équilibre, il ne faut donc pas même de bien grands changements pour qu'une race devienne espèce. Et, une fois l'espèce constituée, l'équilibre rétabli par l'influence réunie des divers terrains, il ne se produit que des variations de race, jusqu'à ce qu'une nouvelle cause de mutation survienne.

On voit combien il faut peu de chose pour qu'à notre époque même, des races deviennent définitivement espèces ; que présentement, elles le sont même déjà chez l'homme qui occupe toute la terre avec la seule condition de supprimer l'action d'une race intermédiaire.

Ce qu'il importe de remarquer, en outre, c'est que, dans une transformation lente du sol, si des êtres se séparent d'une espèce pour en former une autre, ou même pour se joindre à une autre, dans le cas où un rapprochement suffisant rendrait la fécondité commune, ces êtres seraient complétement groupés dans une même espèce par un petit nombre de générations, puisque le premier croisement fécond donne déjà un type moyen. Dans ce cas, comme dans les autres, on reconnaît combien il est difficile de rencontrer des êtres de transition entre les espèces, puisque, par rapport à la longueur des époques que durent les espèces, on peut dire que le passage de l'une à l'autre s'opère très-promptement dès que la fécondité n'agit plus dans un sens ou agit dans un autre.

Bien des faits sont éclaircis par le mécanisme si simple du croisement qui, dans tous les cas de trouble ou de transformation, vient regrouper les êtres en espèces plus ou moins différentes des précédentes.

Cette marche de la nature jette souvent les botanistes dans un véritable désarroi et ils seraient souvent embarrassés si, lorsqu'ils découvrent une nouvelle espèce, on leur demandait s'ils sont bien certains qu'elle ne soit pas récemment formée.

A chaque instant, entre des plantes que l'on regardait comme étant d'espèces différentes, on en découvre de nouvelles qui passent de l'une à l'autre par une foule de nuances intermédiaires, et il faut englober sous le même nom spécifique les extrêmes regardées jusqu'alors comme espèces distinctes ainsi que les formes intermédiaires. Chacune de ces formes se propage d'ailleurs avec ses caractères propres si le croisement avec d'autres variétés n'intervient pas.

De Candolle a décrit sept espèces de ronce, Muller en compte deux cent trente-six. Mais M. Decaisne réunit toutes ces plantes au Muséum, les cultive dans les mêmes conditions et à côté les unes des autres, ce qui facilite les croisements. Alors elles paraissent tellement se fondre, que l'esprit le plus clairvoyant ne saurait se reconnaître au milieu d'elles. Cela s'explique très-simplement avec nos lois. Le même sol et le croisement agissant tous les deux à la fois et dans le même sens, l'unification s'opère rapidement, et il suffirait de laisser ces actions se prolonger pour ne retrouver plus tard qu'une seule espèce.

Le nombre des espèces du genre plantain n'était que de vingt du temps de Linné; il s'est depuis élevé à plus de cent vingt. M. Decaisne, choisissant l'une de ces espèces acceptée comme très-bonne par les naturalistes, en a obtenu par semis au moins sept de ces formes regardées comme spécifiques. Toutes ces formes

transmettent leurs caractères, mais seulement lorsqu'elles restent dans le lieu où
elles ont pris naissance ou dans des conditions semblables, c'est-à-dire dans le même
sol et sans ou avec peu de croisement avec
d'autres variétés.

Il y a, comme on le voit, impossibilité
de fixer la limite entre la race et l'espèce,
puisqu'elle varie par l'influence du sol,
bien qu'à un moment donné, on puisse la
reconnaître nettement par la fécondité
continue.

Pour prouver sa thèse de l'immutabilité
de l'espèce, M. Flourens emprunte, pages
78 et 79, des citations à M. Decaisne et à
M. Naudin. Sans changer un seul mot à
ces mêmes citations, on peut les prendre
pour établir la doctrine contraire, c'est-à-
dire la mutabilité.

M. Decaisne dit en effet que « les éton-
nantes transformations qui ont été ob-
servées au Muséum par lui comme par
d'autres, conduisent à des conclusions sem-

blables qui sont, d'une part, l'apparition contemporaine de races nouvelles et en définitive l'unité spécifique de toutes les races et les variétés d'une même espèce. »

On sent parfaitement que cette dernière conclusion ne peut s'appliquer qu'aux effets de croisements et d'hybridation qui, par ces expériences, n'ont pu donner d'espèces nouvelles; mais qu'elle est sans aucune valeur relativement à la véritable voie qu'emploie la nature pour la formation de nouvelles espèces, attendu que celles-ci se forment dans de tout autres conditions que celles de ces expériences. M. Naudin l'a pressenti ainsi que nous allons le voir en continuant la citation de M. Flourens.

« Je regarde, dit M. Naudin, toutes ces *faibles espèces*, énumérées sous le nom de races et de variétés, comme des formes dérivées d'un premier type spécifique et ayant par conséquent une origine commune. Je vais plus loin. Les espèces même

*les mieux caractérisées sont pour moi au-
tant de formes secondaires relativement
à un type plus ancien qui les contenait
toutes virtuellement comme elles-mêmes
contiennent toutes les variétés auxquelles
elles donnent naissance sous nos yeux
lorsque nous les soumettons à la culture*
(c'est-à-dire à l'influence du sol). »

Il serait superflu d'ajouter des commen-
taires à cette citation. Ce qui m'étonne,
c'est que ce soit avec des documents de ce
genre que M. Flourens veuille prouver le
contraire de ce qu'ils expriment, et il faut
bien croire que c'est le manque de documents propres au but qu'il se propose, qui
l'oblige à y recourir. On nous montre d'un
côté tout ce qu'il est possible d'observer
de transformations à un moment donné et
sous l'influence des croisements; de l'autre,
on en conclut qu'elles ont dû se continuer
et augmenter leurs effets avec le temps,
comme l'avaient déjà établi W. Herbert,
Rafinesque, etc., bien qu'avec diverses res-

trictions. Mais l'erreur vient de ce qu'on voudrait voir se produire en un jour l'œuvre des siècles accumulés.

M. Naudin vient de faire connaître[1] le résultat des dernières expériences qu'il a faites sur les végétaux, en prenant toutes les précautions pour éviter les croisements autres que ceux qu'il voulait obtenir. Il constate d'abord que lorsque des hybrides donnent naissance à de nouveaux sujets, ils produisent des variations *individuelles, non transmissibles, désordonnées, sans fixité*. Ce qui justifie ce que nous avons dit, que, dans les croisements, les formes non assises par un grand nombre de générations, ont moins d'influence sur le produit que celles qui le sont davantage. Après avoir poussé ses expériences jusqu'à la six ou septième génération, M. Naudin reconnaît toujours le même principe et se résume ainsi : « Il est bien visible qu'ici

1. Comptes rendus des séances de l'Académie des sciences, t. LIX, page 837.

encore nous avons affaire à la variation désordonnée qui n'engendre que des individualités et que l'uniformité ne s'établit entre la descendance des hybrides qu'à la condition qu'elle reprenne la livrée normale des espèces. »

Ce n'est donc pas là qu'il faut chercher la formation des espèces ni des races ayant des caractères bien déterminés, puisque ces variations sont individuelles et sans fixité héréditaire. M. Naudin rappelle ensuite cet autre fait du même genre, « bien connu, bien authentique : il existe dans les jardins deux espèces parfaitement caractérisées de Pétunias, l'une à fleurs blanches (*P. nyctaginiflora*), l'autre à fleurs pourpres (*P. violacea*), sans variétés connues jusqu'ici, mais se croisant avec facilité et donnant par là des hybrides aussi féconds qu'elles-mêmes. A la première génération, tous les hybrides se ressemblent; à la seconde, ils se diversifient de la manière la plus remarquable, les uns retournant à l'espèce blanche, les autres à l'espèce pourpre, et un large reliquat marquant toutes les nuances *entre les deux.* Que ces variétés soient fécondées *artificiellement* les unes par les autres, comme le font quelques jardiniers, on en obtient une troisième génération encore plus bigarrée, et, en continuant le procédé, on arrive à des variations extrêmes, quelquefois monstrueuses, que la mode régnante fait considérer comme autant de perfectionnements. Ce qui est essentiel à noter ici, c'est que ces variétés sont purement *individuelles et sans fixité.* Du semis de leurs graines naissent de nouvelles formes, qui ne se ressemblent pas plus entre elles qu'elles ne ressemblent à celles qui les ont produites. »

Par d'autres faits semblables, relatifs aux primevères, aux rosiers, aux arbres fruitiers, etc., que la greffe seule peut conserver, nous sommes amenés à une conclusion bien plus positive, attendu que les mêmes résultats remontent très-loin dans le passé. Et si, malgré ces variations individuelles si multipliées, on ne retrouve toujours que les espèces mères à l'état fixe, comme dans les deux espèces de Pétunias: c'est qu'évidemment il ne s'en forme pas de nouvelles par ce moyen, et que les variations hybrides individuelles retournent à l'une ou à l'autre des espèces mères lorsqu'elles sont abandonnées à elles-mêmes.

Ce résultat, du reste, est facile à pré-voir, sachant que dans le croisement avec les espèces mères, auquel ces variétés in-dividuelles sont exposées, l'espèce a seule la faculté de transmettre son hérédité. Elle l'emporte donc par son action prédomi-nante sur la descendance.

D'ailleurs, puisque les variations d'hy-brides sont « individuelles, non transmis-sibles, sans fixité, » il est évident que ce ne sont pas elles qui ont donné lieu à des variétés assez précises, assez uniformes et assez soutenues pour être classées au nombre des espèces. De plus, les expériences de M. Naudin constatent que ce n'est que par des changements de sol obtenus par le *dépaysement* ou la *culture* que l'on obtient *des changements durables*.

M. Naudin demande ensuite si des faits analogues à ceux qu'il vient de rapporter ont été observés dans le règne animal. Nous savons déjà que la race d'une contrée transportée dans une autre, prend généralement le type de la race propre à cette dernière contrée, et que cet effet se produit beaucoup plus promptement si le croisement est libre. Ce n'est que lorsque la race dépaysée se trouve par hasard confinée dans des conditions semblables à celles qui lui ont donné naissance, qu'elle se maintient. Des expériences spéciales ont d'ailleurs montré, relativement aux variations d'hybrides, des effets différents, d'après M. Flourens, mais qui, selon d'autres, se rapprochent quoique peu de ceux observés sur les plantes. De plus, au moyen des lois que nous avons développées, il nous est facile de reconnaître pourquoi la plante est plus exposée aux variations individuelles que les animaux. Du moment où les graines hybrides ont perdu en grande partie la faculté de transmettre l'hérédité, elles demeurent d'autant plus exposées à l'action du sol. Dès lors, fussent-elles dans une même couche, il est évident que chacune de ces graines peut se trouver dans des conditions différentes; l'une, enveloppée d'un fragment de fumier l'autre de détritus provenant de telle ou telle plante, de tel ou tel animal, à divers degrés de décomposition, etc., etc. Il y a donc là des conditions diversifiées à l'infini que ne subissent pas les animaux, attendu que ceux-ci ne se développent pas sur un seul point, mais que les uns comme les autres vivent d'un grand nombre de plantes ou d'autres êtres; ce qui établit un moyen d'action beaucoup plus semblable pour chacun. On reconnaît ici des conditions très-différentes, qui doivent amener des résultats également différents. C'est par une cause analogue et même augmentée de plusieurs autres conditions, que les races végétales, prises dans leur ensemble, varient plus aussi que les races animales. La plante peut être transportée d'un sol à un autre dont elle jouit exclusivement; lorsqu'une modification en résulte, sa graine abondante peut reproduire sans croisement une multitude de sujets. L'animal, au contraire, ne jouit qu'indirectement du sol et jouit presque toujours de plusieurs natures en même temps; ensuite, pour reproduire un seul sujet, il a besoin de se croiser, c'est-à-dire du concours d'un autre individu. Donc, pour les animaux, les causes qui différencient sont généralement mitigées aussi bien dans l'action du sol que dans celle de la reproduction et de la nourriture. On voit par là pourquoi les variations sont plus accentuées dans le règne végétal que dans le règne animal.

« Après avoir dit comment varient les hybrides, reprend M. Naudin, il est temps d'examiner comment se conduisent les espèces pures de tout alliage lorsque leurs formes se modifient. Constatons d'abord qu'au point de vue de la variabilité elles sont très-inégalement douées. Il y en a qu'on ne voit jamais varier, du moins dans le sens qu'on attache à ce mot ; il y en a d'autres qui varient, et quelquefois dans des limites extrêmement larges. Nous ignorons quelles causes déterminent ces variations ; il est permis de croire cependant que le *dépaysement et la culture n'y sont pas étrangers, car on voit naître à leur suite beaucoup de variétés remarquables.* Mais les espèces, lorsqu'elles varient en vertu de leurs aptitudes innées, le font d'une manière bien différente de celle que nous avons constatée dans les hybrides. Tandis que chez ces derniers la forme se dissout

d'une génération à l'autre en variations individuelles et sans fixité, dans l'espèce
pure, au contraire la variation tend à se
perpétuer et à faire nombre. Lorsqu'elle
se produit, il arrive de deux choses l'une;
ou elle se transmet sans altération à la génération suivante (nous savons aussi que
ces modifications se produisent souvent par
une voie progressive) et dès lors si les circonstances lui sont favorables, et qu'aucun
croisement avec le type de l'espèce ou
avec une autre variété ne vienne la troubler dans son évolution, elle passe à l'état de
race caractérisée et imprime son cachet à
un nombre illimité d'individus. C'est ainsi
que je m'explique la formation de ces races de végétaux économiques si tranchées,
si homogènes et si stables que la culture a
vues naître. »

Ainsi voilà un degré de variation qu'un
homme peut observer. Mais pour savoir si
la variété atteindra une somme de modifications suffisantes pour perdre la fécondité

avec l'espèce mère, il est évident que les expériences de M. Naudin ne peuvent le dire,
ne peuvent se prolonger pendant un assez
grand nombre de générations pour qu'il
s'en assure. Il faut donc, comme nous l'a-
vons fait, recourir à d'autres genres d'observation. Pourtant, d'après ces seules expériences, tout esprit indépendant peut déjà
reconnaître ceci : c'est que, du moment où
une variété peut se modifier et se reproduire avec de nouveaux caractères, il est
évident que si la cause qui a produit cette
modification se prononce de nouveau de
plus en plus, la modification deviendra
aussi de plus en plus forte. Dès lors, comme
nous savons d'autre part qu'un certain degré de différence entre les êtres empêche
la fécondité commune, il est certain que
cette différence sera atteinte et que la race
ou variété deviendra espèce. Ces seules remarques nous montrent que M. Naudin a
eu raison de dire, comme nous l'avons rappelé ci-dessus, que les espèces actuelles ne

sont que des variétés d'un type plus ancien.

S'il ne nous est pas permis d'observer pendant notre vie des changements importants dans les êtres supérieurs, nous avons pourtant certains êtres plus simples qui nous montrent, dans le cours même de leur existence, des transformations remarquables selon les qualités du milieu qu'ils habitent.

Van Beneden fait connaître plusieurs exemples de vers intestinaux qui ne prennent qu'un certain degré de développement dans les animaux herbivores, *développement qu'ils ne dépassent jamais s'ils continuent à vivre dans ces animaux.* Mais si l'herbivore auquel ils appartiennent est mangé par un carnivore; ces insectes, sous l'influence de ce milieu plus avancé, prennent alors un nouveau développement et changent de nature, sinon d'espèce.

« Avant M. Van Beneden, ajoute

M. Flourens[1], le *cœnure* du mouton et le *tœnia* du chien (*tœnia cœnurus*) étaient regardés comme deux vers distincts ; c'est le même ver sous deux formes, ou plutôt à deux âges différents. Il faut en dire autant du *cysticerque* du lapin et du *tœnia serrata*, en lequel il se transforme ; on avait fait de ce *cysticerque* et de ce *tœnia* deux espèces distinctes ; c'est la même espèce à deux âges divers. On avait fait du *cysticerque fasciolaris* de la souris, et du *tœnia crassicollis* en lequel il se transforme dans le chat deux espèces distinctes ; ce ne sont que deux âges successifs de la même espèce, etc. »

Voici qui est bien dit, bien expliqué, et bien que l'amélioration des milieux géologiques ne soit pas assez rapide pour que nous puissions en observer successivement les effets, qui ne peuvent dans ce cas se produire que sur une suite d'indi-

1. Page 154.

vidus, ce n'en est pas moins le même raisonnement qu'il faut tenir en général, ces différents états « *ce ne sont que des âges successifs de la même espèce.* »

Une transformation par l'action du milieu, si accusée sur un seul individu, est même plus extraordinaire que celle qui s'opère peu à peu sur une longue suite d'êtres. Nous reconnaissons d'ailleurs un effet de même nature, quoique moins prononcé, lorsque les agronomes nous disent que le bétail n'atteint son maximum d'engraissement et même de taille, que dans certaines localités, c'est-à-dire sur un sol plus favorable que celui sur lequel il est né.

Le livre de M. Flourens est semé d'affirmations et de conclusions, qui ne sont fondées que sur une face des choses ou plus mal encore. Disons seulement que pas plus que ses devanciers, M. Flourens n'ayant compris le mécanisme de la formation de l'espèce, en conclut sa fixité et par suite l'impossibilité de la transformation des espèces. Au fond il n'y a que cette opinion principale à combattre, et il restera dans son travail nombre d'observations qui dégagées de cette idée ont un véritable intérêt.

De l'expérience même que nous avons rapportée (page 167). M. Flourens tire de bonnes conclusions sous d'autres points de vue lorsqu'il dit : « Elle démontre que la formation du nouvel être est instantanée. C'est au moment de l'union qu'elle a lieu ; avant l'union il dépendait de moi d'avoir un chacal ou un chien. J'ajoute : la formation est simultanée, complète. Le mâle n'y a concouru qu'une fois et dans un seul moment. Après l'union, l'animal qui doit en provenir est tout ce qu'il doit être, il ne dépend plus de moi d'avoir soit un chacal, soit un chien. Je déduis de mes expériences cette autre proposition : Le mâle est pour autant que la femelle dans la production du nouvel être. »

Certainement, voilà d'utiles observations, pourtant il faut bien remarquer que ces conclusions sont encore un peu forcées, absolues. Par exemple, rien dans cette expérience ne prouve que l'action soit instantanée ; le germe pourrait bien n'agir que lentement ou quelque temps après avoir été déposé. Il faut donc être sur ses gardes dans toute conclusion, et si cette expérience donne de beaux résultats sous certains rapports, elle est loin de constituer une panacée universelle. Ainsi, poser en principe *a priori* que l'hybridation soit « *assurément* le moyen *le plus effi-cace* d'obtenir de nouvelles espèces, » pour en tirer des conclusions conformes à ses vues, c'est grandement dépasser les bornes de la logique.

En présence des époques de fixité si longues et générales, comparativement aux époques de mutation locale et momentanée, on voit ce que devient la grande objection de l'école de la fixité, lorsqu'elle fait cette réponse à toutes les difficultés qu'elle rencontre ou qu'on lui oppose : « Nous montrons d'innombrables faits qui accusent la fixité de l'espèce. » La répartie est simple : Vous ne montrez *qu'incomplétement* les faits en vous en rapportant à des apparences partielles ; puisque chez les plantes comme chez les animaux, nous voyons varier le nombre des espèces du même genre, et que même dans l'espèce humaine nous voyons des modifications qui peuvent produire l'hybridation, c'est-à-dire la mutation ; et ces faits rares sont précisément en rapport avec la faible importance des mouvements de mutation.

Quant aux lacunes qui se présentent dans les séries d'espèces ou même entre les genres, elles se comblent de plus en plus à mesure que la science se développe. D'ailleurs elles sont faciles à comprendre ; non-seulement par des extinctions d'espèces, par leurs modifications successives en branches divergentes, mais aussi par les conditions géologiques si compliquées qui ont apporté des modifications irrégulières sur le globe. Qu'une espèce, par exemple, s'éteigne presque en totalité, soit par une cause, soit par une autre, si une faible partie restante se trouve dans une bonne condition géologique, elle peut se transformer plusieurs fois de suite, d'autant plus facilement qu'elle sera plus petite et plus isolée, et cela, sans presque laisser de traces de ses mutations.

Ou bien encore, si cette faible partie n'a échappé aux causes de destruction qu'en fuyant sur des terres lointaines, elle peut ne revenir dans le pays qu'elle avait d'abord habité, qu'après avoir subi de nombreux changements.

Les conditions géologiques si compliquées fournissent matière à tant de cas plausibles que je crois inutile d'insister.

Nous eussions désiré ne nous occuper que des découvertes qui ont motivé la publication de cet ouvrage. Mais pour lever plus complétement les incertitudes, le sujet nous a déjà entraîné à examiner les hypothèses contraires à la transformation des êtres et nous oblige encore à examiner celles qui ont été faites avec l'intention d'expliquer la cause de la transformation des espèces.

Le principe de sélection ou d'élection est connu depuis longtemps; bien qu'il n'ait été sérieusement mis en pratique qu'à notre époque. Ce principe est considéré par M. Darwin comme le grand moteur de la perfection. Son emploi donne, en effet, en supprimant artificiellement l'action procréatrice des êtres inférieurs de chaque espèce, un résultat avantageux qui élève la moyenne du type; seulement ce résultat, étant artificiel, disparaît avec les soins qui l'ont produit.

Lorsqu'un éleveur on un horticulteur choisit ses meilleurs sujets pour en faire ses reproducteurs, ou supprime simplement

les plus mauvais, il est évident que les descendants obtenus présenteront en moyenne
un degré de perfection plus élevé. Mais, si
ces soins cessent, la race retombe dans son
état d'équilibre antérieur.

M. Darwin suppose, il est vrai, un effet de *concurrence vitale* qui remplirait,
d'une manière inconsciente et permanente,
cette fonction de scrutateur propre à détruire les êtres inférieurs. De ce côté, il
nous semble être fortement en erreur, car
la concurrence vitale est nuisible à tous
les sujets, bons ou mauvais.

Quand deux plantes ou deux animaux
se gênent ou se disputent la vie, ils se nui-
sent mutuellement beaucoup plus qu'il n'y
a de différence entre deux sujets de même
espèce. Si l'un triomphe de l'autre, c'est
simplement le moins mal traité qui conserve la victoire.

Lorsque dix arbres plantent leurs racines où un seul eût pu venir très-beau *sans
concurrence*, les dix, au contraire, *malgré*

*leur concurrence*, ou plutôt à cause d'elle, ne viendront que rabougris. Pourtant, la concurrence a rempli son rôle en empêchant une foule d'autres graines et de rejets de se développer. Si des animaux affamés tombent sur une maigre pâture, plus elle est insuffisante, plus ils la dévorent avec une vive concurrence. Néanmoins le plus favorisé est loin d'être satisfait comme s'il se fût trouvé seul, c'est-à-dire sans concurrence. Si un peuple passe d'un bon sol sur un mauvais, comme les Irlandais d'Armagh et de Down, chassés sur la baronnie de Flews, la concurrence vitale devient plus forte, pourtant ils dégénèrent.

En un mot, la concurrence vitale ne fait que tenir la puissance productrice des êtres, dont les germes sont toujours surabondants, en équilibre avec les ressources du sol. Et rien n'autorise M. Darwin à supposer que la très-faible différence d'action avec laquelle elle agit sur les individus d'une même espèce, soit supérieure à l'action de concurrence nuisible qui agit sur tous.

M. Darwin, comme tant d'autres, avait besoin d'une explication des phénomènes qui nous entourent, et il n'a pas vu que partout et de tout temps, les êtres étaient développés en raison des qualités du sol auquel ils appartiennent. L'augmentation de ces qualités doit donc déterminer celle des êtres.

Lorsqu'il s'agit d'une sélection intelligente, son effet est bien réel; mais du moment où l'action du sol pour ramener les êtres à l'état normal qui lui est propre devient assez forte pour équivaloir aux effets de la sélection, ces deux actions se font équilibre. La sélection, si elle est continuée, ne peut dès lors aboutir qu'à tenir les êtres qui y sont soumis, à un certain degré de perfection au-dessus de celui que comportent la nature du sol et les conditions de vie.

Nous voyons très-nettement cet effet par

nos fermiers des terrains primitifs, qui, bien que choisissant pour progéniteurs de gros bœufs et de belles vaches des terrains récents, ne tardent pas à voir leurs descendants reprendre la petite taille propre au pays. La sélection, sans l'amélioration du sol, n'a donc qu'un effet très-borné et qui disparaît bientôt si l'on ne renouvelle sans cesse les mêmes soins.

Les différences qui existent entre les races sauvages et les races domestiques nous montrent d'ailleurs la valeur de ces différences de perfection, moins la part qui peut revenir à l'amélioration artificielle du sol. Et lorsque l'on considère que les êtres en général vivent les uns des autres, on conçoit que la sélection ou l'amélioration d'une espèce doit s'accroître de celle qui lui sert d'aliment.

A part les résultats temporaires et artificiels de ces améliorations, ce n'est donc pas là ce qui constitue réellement la loi du progrès des êtres.

D'ailleurs, selon M. Darwin, cette loi du progrès par sélection, ne rend compte que des cas de perfectionnement, et ne saurait, ainsi qu'il le reconnaît lui-même [1], rendre compte des cas de dégénérescence, pourtant si nombreux. Aussi est-il amené à repousser tout ce que l'on considère comme tel.

Cependant, personne n'admettra que l'homme blanc progresse en prenant le type nègre, bien que M. Darwin puisse dire avec raison que la constitution du nègre convient mieux aux conditions de vie de l'Afrique centrale que la nôtre, de même que celle du ver de terre convient aussi mieux à sa condition que la nôtre.

En outre, lorsqu'il s'agit d'expliquer pourquoi les îles et les petits continents ont moins d'espèces que les grands, il éprouve beaucoup d'embarras et ne peut donner que des raisons plus ou moins

---

1. *Origine des espèces*, page 124.

contradictoires. Même situation se présente lorsqu'il veut expliquer avec sa théorie pourquoi les animaux d'Égypte qui n'ont pas changé de sol ni d'autres conditions depuis trois ou quatre mille ans, n'ont pas changé non plus de caractère ; car rien n'empêchait les animaux de cette région de continuer à s'élire, les sujets n'étant pas tous semblables.

Si cette combinaison de concurrence vitale et de sélection était la cause du perfectionnement des êtres, elle agirait aussi bien sur un mauvais sol que sur un bon, ce qui n'est pas. M. Darwin le reconnaît indirectement en nous disant (page 492) : « Ainsi que je l'ai dit et répété, *je ne crois à aucune loi nécessaire de développement...,. la variabilité de chaque espèce est une faculté indépendante et très-variable en degrés.* »

En effet, avec son système, il est bien obligé de reconnaître que la variabilité est indépendante, mais indépendante de ce système seulement, puisqu'elle est réglée par le sol et les croisements. Il est obligé de reconnaître aussi qu'elle est *très-variable*, attendu qu'elle agit souvent en sens contraire de sa théorie.

Néanmoins cette théorie, il en fait même la cause de la distinction qui sépare les espèces. En parlant de l'absence de variétés intermédiaires qui résulte si nettement de la limite où s'étend la fécondité, il dit [1] : « Si l'on ne rencontre pas partout et toujours d'innombrables formes de transition, cela dépend donc principalement du procédé même d'élection naturelle en vertu duquel les variétés nouvelles tendent constamment à supplanter et à exterminer leur souche mère. » Cela explique des extinctions continues, mais non des degrés. Ailleurs, il suppose que les documents géologiques n'ont tenu qu'incomplétement le registre des transformations. Cela n'expli-

---

1. Page 392.

querait pas non plus ces lacunes générales, régulières, et l'apparente phase de stabilité où demeurent les espèces. En outre, ces deux explications du même phénomène ne sont pas d'accord. Est-ce l'une, est-ce l'autre qui agirait?

La concurrence vitale amène en général la destruction des êtres inférieurs par les êtres supérieurs. Mais cette action agissant d'un bout à l'autre de l'échelle des êtres, il n'y aurait nullement dans ce fait matière à distinguer les espèces. L'être le plus avancé seul, étant moins influencé par cette condition, aurait plus d'avantages pour nuire à celui qui se trouve immédiatement au-dessous de lui.

Pourtant, malgré les contradictions que la théorie de M. Darwin reçoit des faits que nous avons mis sous les yeux, son livre contient une foule de remarques intéressantes ; et parmi les idées qu'il développe, il en est qui paraissent parfaitement appropriées, sinon aux causes d'un progrès constant des êtres, mais à la manière dont ils s'adaptent au milieu dans lequel ils doivent vivre, aussi bien lorsque le sol amène le progrès que lorsqu'il amène la dégénérescence. Ces idées de conformation et d'appropriation des êtres, en raison des fonctions qu'ils ont à remplir et du milieu où ils vivent, avaient déjà été indiquées par Lamark, qui lui-même ne faisait que donner une explication d'idées plus anciennes. Le mérite de M. Darwin est de leur avoir donné plus de développement, plus de consistance.

D'ailleurs M. Darwin reconnaît lui-même sinon l'erreur de sa théorie; du moins la limite de ses effets, ce qui est presque la même chose, lorsqu'il dit[1] :

« L'élection naturelle *ne peut que rendre chaque être organisé aussi parfait ou seulement un peu plus parfait que les autres habitants de la même contrée, qui*

[1]. Pages 290 et 295.

*vivent dans le même milieu* et contre lesquels il doit lutter sans cesse pour vivre. Or, tel est bien, en effet, le degré de perfection atteint par la nature. Les productions aborigènes de la Nouvelle-Zélande, par exemple, sont parfaites si on les compare entre elles; mais elles sont en train de disparaître rapidement devant les légions croissantes de plantes et d'animaux introduits par les Européens. L'élection naturelle ne saurait produire la perfection absolue.... *elle ne peut produire qu'une supériorité relative ; c'est-à-dire, un degré de perfection mesuré aux ressources locales.* »

Cette citation constate très-nettement et doublement la limite des effets de la sélection comme nous l'avons posée. Elle indique même la véritable cause du perfectionnement, en disant qu'il est mesuré aux ressources locales.

Quant aux végétaux produits par les terrains primitifs de la Nouvelle-Zélande, ils font comme les races humaines des régions mal partagées de l'Afrique, de l'Amérique, etc. Ils ne peuvent résister devant la supériorité des espèces qui ont été améliorées par les terrains plus récents de l'Europe. Ils sont donc supplantés par ces derniers, comme nous l'avons montré pour tant d'autres contrées. Mais ces êtres actuellement supérieurs, dégénèrent peu à peu et prendront des types propres au pays; toutefois ils ne resteront pas moins des espèces distinctes, à cause de leur différence de types antérieurement acquise.

M. Darwin constate aussi que ce sont les espèces « *très-répandues dans de nombreuses stations qui varient le plus*, et le plus souvent les variétés sont d'abord locales. » Mais quoi qu'il fasse pour expliquer ce fait avec sa théorie, on sent qu'elle y est contraire; car, si les stations sont nombreuses, étendues, la concurrence vitale est moins puissante que si l'espèce était plus groupée, plus condensée. Par consé-

quent, ce serait cette dernière condition, et
non les nombreuses stations, qui devrait
donner plus de variations. Avec nos lois,
cela s'explique au mieux; plus les stations
sont nombreuses, plus il y a de chance
pour que les terrains soient différents et
plus il y a de facilité pour que la variété
qui habite chacune de ces stations différentes puisse se grouper séparément en
espèces.

Il nous reste à examiner l'école dite des
polygénistes, qui admet autant de centres
de création qu'il y a de types suffisamment caractérisés, et qui repousse toute
idée de transformation d'un type et même
d'une race dans une autre.

Cette école appuie ses principes sur de
nombreux faits et beaucoup d'apparences;
mais comme les autres elle ne voit qu'une
face de la question. Elle compte aujour-
d'hui le plus d'adhérents et se considère par
conséquent comme la plus rationnelle et la
plus sensée. Pourtant c'est l'école de la

transformation des êtres qui se rapproche le plus de la vérité, bien qu'elle compte le moins de partisans. C'est qu'aussi les Aristote, Épicure, Lamark, les Geoffroy Saint-Hilaire, Darwin et quelques autres, qui ont entrevu la transformation, n'ont pu découvrir les lois qui la régissaient, ni par conséquent faire accepter leurs idées.

Les polygénistes appuient surtout leurs principes sur ce grand fait, que chaque pays, chaque contrée, a ses types propres et qu'ils ne changent pas. Ils citent les Égyptiens, que les peintures monumentales ainsi qu'Hérodote signalent comme ayant une grande unité de type. Même unité et même type se retrouvent aujourd'hui encore, disent-ils. Des crânes excessivement anciens trouvés dans les cavernes du Brésil montrent que le type de l'homme dans ce pays était déjà le même qu'aujourd'hui. Des peuples qui ont changé de pays, ont conservé le même type. Les Juifs qui parcourent toutes les contrées de l'Europe depuis

dix-huit cents ans ont aussi un type propre
et qui ne change pas! Enfin, disent-ils,
plantes et animaux sont localisés.

Telles sont en résumé les principales
raisons qu'ils donnent.

D'abord les types propres à chaque contrée ne changent pas, du moins aussi loin
que nous puissions les suivre par l'histoire
ou l'archéologie. Ce grand fait est parfaitement vrai et parfaitement conforme à
notre loi; puisque ces peuples, ces êtres
ne changent pas de sol ni de condition, ils
ne peuvent changer de type. Mais ce que
cette école ne remarque pas, c'est qu'une
foule de migrations, de mélanges, de substitutions de peuples comme d'autres êtres
se sont produits, et que par conséquent les
types auraient nécessairement changé, si
le sol n'avait eu la propriété de transformer
les nouveaux venus en leur donnant les
caractères propres à chacune de ces contrées.

Ainsi l'Égypte a subi depuis les Pharaons maintes et maintes invasions, mélanges et substitutions de peuples, et du moment où vous nous montrez que les mêmes caractères sont encore propres à la même contrée, c'est qu'ils se sont transformés. Rien ne saurait mieux mettre en évidence la transformation.

Le fait que les Égyptiens des premières dynasties se peignirent d'abord en jaune, comme les peuples asiatiques, et qu'à dater de la dix-huitième dynastie ils se peignirent en rouge, couleur propre à l'Égypte, montre aussi qu'ils avaient dû changer.

Si quelques peuples ont émigré sans se modifier, c'est qu'ils ont rencontré le même sol.

Doucement! s'écrie-t-on. Et les Juifs, qui changent continuellement de pays et qui conservent cependant le même type, qu'en dites-vous?

Les Juifs! ah! j'entends d'ici votre exclamation triomphante. Les Juifs, d'abord entendons-nous bien sur leur compte. Il s'agit de ce que l'on appelle le *Juif errant*, le classique Juif colporteur, faisant son commerce en allant d'un pays à l'autre, mais non certainement des Juifs fixés depuis longtemps dans tel ou tel pays; car moi qui ai vu les Juifs dans plusieurs contrées d'Europe, en Orient, dans les États barbaresques, au Soudan, etc., je sais parfaitement que ces Juifs ont des types très-distincts lorsqu'ils sont fixés. M. de Quatrefages a aussi constaté des effets analogues; et il n'est pas besoin d'aller aussi loin pour en être convaincu. Je m'étonnerais même que, sans sortir de Paris, chacun de nous n'ait pas entendu ce petit dialogue. « Quel est ce monsieur qui cause, ici, à côté? — C'est M. X..., un Juif.... — Un Juif! ah! je ne m'en serais pas douté. »

Ainsi, entendons-nous bien. Le type juif qui ne change pas est seulement celui que l'on peut appeler le type du *Juif errant,* colporteur, commerçant. Et beaucoup de Juifs peuvent avoir ce type sans sortir de leurs magasins, puisque les Juifs ne s'allient qu'entre eux sous peine de déchéance typique, et qu'il suffit du croisement pour unifier ceux d'entre eux qui ne voyagent pas ou peu, avec ceux qui voyagent. Dès lors, nous n'avons plus qu'un mot à dire : L'homme qui vit tour à tour sur chacune des natures de sol, doit aussi bien avoir un type propre à cette condition, que celui qui ne vit que sur une seule.

Ce cas, ce type est celui du *Juif errant*.

On voit suffisamment avec ces quelques détails et ce que nous avons déjà développé dans ce livre, que les principes de cette école, bien qu'ayant un très-grand côté vrai, pèchent dans les conclusions qu'on en tire, et que, par centres de création, il ne faut entendre qu'une influence particulière du sol, combinée avec l'action des croisements qui ont donné certains caractères, certains enchaînements de formes aux êtres qui habitent, depuis une époque plus ou moins reculée, tel ou tel pays.

De plus, certains cas de dispersions accidentelles que l'école des centres de création ne peut moins faire que d'admettre, sont, par leurs résultats, contraires à cette théorie. Ainsi des oiseaux se sont répandus dans différentes îles océaniques; mais alors ils prennent, s'il y a lieu, un caractère propre à la localité, et qui va même jusqu'à changer l'espèce. Ce qui est complétement en rapport avec nos lois et non avec celles des centres de création. De ces faits on ne peut donc pas conclure que chaque région a formé exclusivement un centre de création.

Malgré l'uniformité plus grande du sol et du fond des mers à l'époque primitive, il paraît plus plausible d'admettre que si la vie s'est développée dans plusieurs régions en même temps, c'était dans toutes celles qui présentaient les mêmes conditions les plus favorables, mais non encore dans d'autres qui n'auraient pu acquérir aussitôt ces mêmes qualités et qui ont pu être envahies par les êtres des régions les plus favorisées avant d'en produire elles-mêmes.

D'ailleurs, à l'époque où ont dû se former les premiers êtres, les mers devaient recouvrir la plus grande partie du globe, et les mêmes espèces ont pu, ont dû naître par la même cause et se propager sur des points différents. C'est donc de cette sorte de mélanges de types primitifs à peu près uniformes qu'auraient ensuite pris naissance les diverses faunes en raison des conditions de sol et d'existence des mers et des continents ou autres localités sur lesquels les êtres se seraient trouvés isolés. Mais, en cas de nouvelles communications accidentelles, d'autres mélanges ont dû se faire, puis de nouvelles distinctions s'établir par de nouveaux isolements. Enfin, toutes les migrations qui surviennent peuvent s'adapter et s'adaptent ordinairement à un nouveau sol, d'où il suit qu'il y a plutôt unité de création et diversité d'appropriation.

Ce qui ressort de cet examen des principes de chaque école, c'est : 1° que les principaux faits qui servent de base à chacune d'elles sont vrais ; 2° que les hypothèses fondées sur ces faits pris isolément doivent seules être abandonnées ; 3° que c'est pour n'avoir pas compris que malgré les apparences contradictoires, les mêmes lois pouvaient tout expliquer, que les écoles se disputent armées chacune d'un lambeau de la vérité qu'elles s'opposent l'une à l'autre. C'est ce côté vrai qui cause leur persévérance et leur ténacité.

D'où ce résultat très-remarquable : Il suffit d'abandonner les *hypothèses* engendrées par ces faits pris isolément, et de suivre les voies que nous tracent les deux grandes lois que nous venons de développer, pour que tous ces grands faits qu'accuse la nature et que s'opposent les écoles se trouvent justifiés et conciliés sous les mêmes lois. Ainsi, nous reconnaissons comme chaque école en particulier :

Avec l'une : *Distinction nette de l'espèce.*

Avec l'autre : *Influences locales très-accusées.*

Avec la troisième : *Transformation des êtres.*

Et ces grands principes se concilient parfaitement. Nous y reviendrons, titre xv, avec quelques détails.

$$X$$

# CONFIRMATIONS PALÉONTOLOGIQUES
## ET GÉOLOGIQUES.

Si la paléontologie est un écueil infranchissable pour les systèmes qui ont été tentés, tels que celui d'une création unique et primitive de toutes les espèces qui se trouve contredite par chaque couche géologique qui en présente de nouvelles; tels que celui des destructions et des créations nouvelles à la suite de cataclysmes pour lesquels la paléontologie n'offre

aucun point de renouvellement tranché;
ou bien encore pour celui de la sélection
avec concurrence vitale de M. Darwin, qui
trouve dans cette science ses plus puissantes objections, elle est au contraire une
des plus importantes confirmations pour
les principes que nous avons développés.
La paléontologie confirme la transformation des êtres, la manière dont ils se sont
groupés en espèces distinctes, et jusqu'aux
irrégularités que produisent les différentes
natures de terrains considérés à une même
époque.

Les paléontologues voyaient bien qu'il
y avait, en somme, une graduation progressive dans les êtres qui ont vécu à chaque âge géologique. Mais cette impression
générale était bientôt détruite et ébranlée
par plusieurs autres ordres de faits. Le
premier, qui paraît le plus directement
contradictoire est celui-ci : Pourquoi, si
l'amélioration des êtres dépend de celle du
sol, les nouvelles espèces n'apparaissent-

elles que très imparfaitement sur la terre au moment où de nouvelles couches émergent; et dans la mer, au moment où elles se forment? En effet il n'y a pas entre ces faits la coïncidence à laquelle doit s'attendre celui qui ne songe pas à l'effet des croisements.

Relativement à cette incomplète coïncidence, nous avons déjà cité entre autres les faits constatés dans les couches du bassin de Paris. Citons maintenant cette objection consignée dans toute sa force et d'une manière générale dans deux publications récentes, de M. d'Archiac[1]. Il suffira de se rappeler ce que nous avons dit, pour que ces objections tombent d'elles-mêmes et deviennent au contraire la confirmation des lois que nous avons exposées.

« Si les changements physiques qui ont eu lieu sur une faible étendue, soit à la

1. *Hist. des progrés de la géologie*, vol. V, p. 7, et *Introduction à la paléontologie stratégraphique*, tome II, p. 139.

surface du sol émergé, soit au fond des mers, étaient la seule cause de ceux que l'on observe dans l'organisme, on ne voit pas pourquoi ces derniers seraient partout dans le même sens et partout aussi contemporains et corrélatifs.

« Si des soulèvements plus ou moins étendus n'ont agi que suivant des fuseaux de la sphère terrestre, après l'un quelconque de ces phénomènes, les modifications organiques qu'il a pu occasionner ne se seront produites que dans un certain espace soumis à son influence, et partout au delà la faune qui existait aura continué à se perpétuer jusqu'à ce qu'un autre phénomène du même genre soit venu lui imprimer à son tour une influence analogue. Mais cette dernière ne s'étant pas propagée non plus jusqu'à la zone modifiée par le premier soulèvement, celle-ci a dû continuer à présenter les caractères que ce premier soulèvement lui avait fait prendre, et ainsi de suite; de sorte que les faunes, considérées dans leur ensemble, au lieu de se correspondre à un moment donné, et de se modifier en même temps et de la même manière, offriraient au géologue un enchevêtrement continuel de caractères et de variations qui ne s'accorderaient nulle part. Que le soulèvement se soit étendu sur tout un grand cercle de la sphère ou sur une portion seulement, l'objection reste d'ailleurs la même.

« Une autre conséquence probable de l'influence exclusive qu'auraient eue les mouvements brusques et violents, c'est que, par cela même qu'elle était plus ou moins limitée, il devrait se retrouver, dans quelunes des mers actuelles, des représentants des formes anciennes, tels que les trilobites qui se seraient perpétués pendant le règne des ammonites, des bélemnites, des rudistes, etc. ; et, outre que les faunes auraient persisté plus longtemps sur un point que sur d'autres, on devrait apercevoir, comme on l'a déjà dit, des retours à des faunes antérieures, déterminés par des circonstances analogues de température, de profondeur d'eau, de courants marins, de nature du fond, etc. Mais loin de là, une formation étudiée sur les divers points où se déposaient dans le même moment des sables, des argiles, des marnes ou des calcaires, offre toujours l'application de la même loi ; les formes organiques ne sont nulle part interverties, et, sans être spécifiquement identiques, les types principaux, ou le *facies*, en un mot, de la base, du milieu et des derniers dépôts de cette formation, sont partout comparables.

« Ainsi les formes qui ont une fois disparu ne se montrent plus ; leur rôle est accompli ; elles font place à d'autres qui disparaissent à leur tour, et si Linné a dit avec raison : *Natura non facit saltus*, on peut dire également : *Non retroit natura*. Nous voyons ces types naître, se développer, puis s'éteindre en même temps, sous toutes les latitudes, sous tous les méridiens, ou seulement influencés, dans les périodes les plus récentes, par des zones isothermes plus ou moins comparables à celles de nos jours. Mais que les couches soient concordantes sur des épaisseurs de huit à dix mille mètres comme dans l'Amérique du Nord, ou que celles du même âge nous offrent des discordances à divers niveaux, comme dans l'ouest de l'Europe, qu'elles soient horizontales comme en Russie, ou bien redresées, plissées, tourmentées de mille manières comme en Belgique et dans les îles Britanniques, les changements survenus dans les animaux, depuis la faune silurienne jusqu'aux derniers sédiments carbonifères, n'ont été ni plus lents ni plus rapides ; toujours et partout la nature organique semble avoir marché du même pas, insouciante en quelque sorte de ces accidents de l'écorce terrestre qui, quelque grands qu'ils nous paraissent, ont été cependant trop faibles pour l'atteindre, trop limités pour troubler ses lois.

.... « Sans doute, des soulèvements et des abaissements fort lents de portions plus ou moins étendues du fond des mers, des changements de direction des courants, modifiant la température et les sédiments, ainsi que d'autres causes locales extérieures qui agissent encore sous nos yeux, quoique difficilement appréciables, vu le peu de durée des termes de comparaison dont nous disposons, ont apporté des changements corrélatifs dans les êtres organisés ; mais s'il n'y avait pas eu *un principe indépendant de ces mêmes causes séculaires*, il en serait résulté, comme des causes instantanées dont nous venons de parler, que les familles, les genres, les espèces même auraient pu se perpétuer indéfiniment par des déplacements ou migrations, tantôt sur un point, tantôt sur un autre, et comme depuis le premier développement de l'organisme, il y a toujours eu des eaux à la surface du globe, les familles, les genres et les espèces, n'auraient pas été successivement remplacés dans le même ordre, et pour ainsi dire en même temps, de telle sorte qu'à un moment donné, les diverses mers nourrissaient des animaux comparables.

« Il semble donc, en résumé, que les phénomènes physiques, soit lents et graduels, soit brusques et d'une grande énergie, qui n'ont cessé de modifier le relief de la terre, ayant été locaux, irréguliers et accidentels, ont amené parmi les êtres organisés des changements très-bornés aussi, dont on peut souvent tracer encore les limites et déterminer le plus ou moins d'importance, mais qu'ils n'ont pu être la cause des modifications continues, régulières et générales qu'ont éprouvées ces mêmes êtres depuis les premiers âges géologiques jusqu'à nous. »

D'autre part, on signalait les degrés qui distinguent les espèces et qui semblaient couper le fil des transformations, et, de plus, l'apparente fixité de l'espèce qui se manifeste assez généralement aussi loin qu'on la puisse suivre. Ces résultats, au premier abord si discordants et dont on ne devinait pas la cause, étaient suffisants pour détruire l'impression générale de la coïncidence du perfectionnement des êtres avec celui du sol. Ils amenaient l'incrédulité et le scepticisme.

Maintenant le doute n'est plus possible ; au lieu de sembler se contredire, on voit que ces faits concourent tous à la même conclusion, à la même confirmation. Ces degrés, entre les espèces, sont la justification exacte de la manière dont elles se forment. Leurs transformations indépendantes des mouvements géologiques ou des formations de couches sédimentaires, s'expliquent au mieux par la nécessité de l'isolement sur un bon sol qui favorise les mutations en empêchant les croisements. En effet, bien que les êtres s'améliorent en passant sur un sol récent, ils ne sauraient atteindre que des différences de races tant

que leurs croisements continuent à se produire avec d'autres races moins favorisées.
Il en résulte seulement des améliorations
d'ensemble peu sensibles.

Enfin, les irrégularités de durée des
espèces, comme les différences de races ou
de variétés, sont une conséquence nécessaire du mélange des couches géologiques
qui viennent mêler leur action à celle des
croisements et des améliorations progres-
sives de l'ensemble des terrains. Et, du
moment où une espèce aura acquis des
qualités supérieures ou seulement mieux
appropriées aux conditions dans lesquelles
se trouve une autre espèce antérieure, il
est évident que celle-ci disparaîtra à mesure que l'autre prendra du développement,
et cela en vertu même de l'équilibre vital,
qui ne peut suffire qu'à une somme de
vie déterminée, proportionnée à celle des
éléments dont la nature dispose. Si au contraire la nouvelle espèce était inférieure,
elle ne pourrait se développer, l'ancienne

persisterait jusqu'à ce qu'une autre, convenablement douée, pût la supplanter.

On voit que la transformation ne saurait ni correspondre aux mouvements géologiques locaux, ni cependant être complétement régulière et uniforme, à cause des différences de terrains dans chaque région. Ces inégalités, et, par suite, celles des transformations, sont suffisantes pour que plusieurs savants comparent les productions actuelles de différents pays de formation ancienne, telles que celles d'une partie de l'Amérique du Nord et de l'île de Madère, aux productions tertiaires de l'Europe où les terrains sont meilleurs.

Si l'on joint à cela la marche divergente d'une espèce qui se transforme en une ou plusieurs autres en subissant toutes ces influences et en ayant égard aux extinctions accidentelles d'espèces, on voit clairement que le progrès général des êtres, ses espèces séparées et ses irrégularités sont la conséquence exacte des faits dont nous avons **fait** connaître les principes.

La paléontologie constate aussi que les fossiles de deux conformations consécutives sont plus étroitement alliés que les fossiles de deux formations plus éloignées, que la faune d'une époque est dans son ensemble à peu près intermédiaire entre celle qui a précédé et celle qui a suivi, que les animaux palézoïques n'étaient pas classés en groupes aussi distincts que ceux qui vivent aujourd'hui, bien qu'appartenant à une partie des mêmes genres, familles ou ordres.

Ainsi, autant de faits, autant de confirmations. De même que la condition d'isolement devait effectivement amener une transformation, le plus souvent indépendante des mouvements géologiques locaux ; de même aussi la transformation devait s'opérer d'une manière générale proportionnée à celle du sol, et telle que l'ensemble de la faune d'une époque soit intermédiaire entre celles qui l'ont précédée et suivie; de même encore les faunes sont devenues de plus en plus variées à mesure que les couches de la surface du globe prenaient de plus en plus de variété. Et la transformation des êtres admettant l'unité de principe originaire, les plus anciennes faunes devaient, en effet, appartenir à la section inférieure des mêmes genres, classes ou ordres. Enfin, les faibles changements géologiques que l'on remarque pendant les temps historiques, étant très-peu importants en comparaison de ceux que nous montre la géologie des époques passées, il est donc tout naturel de trouver ceux qui se manifestent dans les êtres pendant l'époque historique, peu sensibles aussi en comparaison de ceux des époques anciennes. En constater de plus grands serait une véritable anomalie. Ces faits montrent, par conséquent, que les âges du globe embrassent des époques très-longues, par rapport à celui dont les hommes ont conservé le souvenir.

Tout cela est donc d'une parfaite concordance avec les causes de la transformation; ces faits confirment, sous tous les points de vue, les principes que nous avons développés; principes qui, d'ailleurs, sont par eux-mêmes, tellement dans l'ordre naturel des choses, qu'on se demande comment ils n'ont pas été constatés plus tôt.

## XI

## CONSÉQUENCE.

Du moment où nous voyons : 1° qu'à notre époque les êtres se transforment selon la nature du sol qu'ils habitent ; 2° qu'il ne faut que de faibles changements dans l'action du sol ou même la simple absence de croisement avec des races intermédiaires pour qu'une race extrême devienne espèce ; 3 qu'entre les époques géologiques qui se sont succédé, il y a des différences plus fortes qu'entre les terrains pris à une même époque et qu'elles sont d'une nature identique, nous avons une certitude de transformation d'espèce aussi positive que l'est le quatrième terme d'une proportion dont trois sont connus.

Ce résultat est d'ailleurs corroboré : 1° par la paléontologie qui nous montre, de son côté, ce quatrième terme, non pas une fois seulement, mais pour chacun des âges géologiques du monde; 2° par les dispositions générales d'espèces, de genres, de familles qui justifient cette transformation; 3° par un grand nombre de solutions et d'autres faits dont cet ouvrage est plein, et par ceux bien plus nombreux que l'on peut citer encore; 4° par les preuves directes de transformation que nous avons données.

D'ailleurs, aucune hypothèse inexacte n'a pu et ne saurait rendre compte d'un ensemble de faits qui présente une aussi grande variété de conditions à remplir.

## XII

## DÉVELOPPEMENT DES ÊTRES ORGANISÉS.

Les principes que nous venons d'exposer acquièrent un tel caractère d'évidence,
dès qu'on examine l'enchaînement des
êtres organisés, que cet enchaînement a
suffi pour amener les plus sérieuses con-
victions chez divers hommes de génie, et
pour jeter le doute, même chez des savants
les plus frappés de la prétendue fixité de
l'espèce; au point qu'il suffit, pour suivre

les effets des lois que nous avons développées, de prendre les descriptions des hommes les plus opposés à la transformation des êtres; de Blainville, par exemple, qui attribue la formation de toutes les espèces à un ordre de chose primordial.

Blainville, qui repoussait la transformation des êtres, parce que, pas plus que ses prédécesseurs, il ne comprenait la cause de leur distinction en espèces ni l'action modificatrice du sol, ne peut pourtant se refuser à reconnaître l'enchaînement de la série animale, à tel point que nous allons continuer notre exposé par ses propres remarques.

L'animal, selon lui, est caractérisé par la sensibilité, et le degré de cette sensibilité sert de mesure pour déterminer le rang des êtres dans la création. Au dernier degré de l'échelle des êtres se trouvent les plus simples, ayant à peine quelque notion du monde extérieur. Leur forme reste indéterminée et se rapproche plus ou moins de celle d'une sphère : ce sont les *amorphozoaires*. Dans le groupe suivant, la sphère cherche à s'épanouir et envoie des rayons dans tous les sens : ce sont les *actinozoaires* ou *rayonnés*. Dans un troisième groupe, les rapports de l'animal avec le monde se dessinent d'une manière plus intelligible. On voit paraître dans le corps une partie directrice et une partie dirigée ; le corps s'allonge, sa forme générale devient elliptique ; en même temps qu'il s'applique au sol par une de ses faces, par l'autre il reçoit la lumière ; mais le corps n'est pas soutenu par une charpente solide, et les mouvements n'offrent jamais de précision : ce sont les *malacozoaires*. Le quatrième groupe est caractérisé par une symétrie parfaite des deux côtés du corps de l'animal, qui est toujours soutenu par une charpente solide, et dont les mouvements acquièrent par suite une plus grande précision : ce sont les *zygozoaires*, qui comprennent eux-mêmes deux divisions, suivant que cette charpente solide est extérieure ou intérieure. Dans le premier cas, ce sont les animaux articulés extérieurement, ou *annelés*, dans le second, les animaux articulés intérieurement, ou *vertébrés*.

Entre tous les degrés que peut présenter chaque série d'êtres, interposons maintenant la marche de la transformation que n'a pu reconnaître Blainville, et nous aurons une idée assez nette des principales phases de développement du règne animal.

Dès les premiers degrés de développement des êtres, il se produit nécessairement, par suite des diverses conditions où ils se trouvent, des divergences de formes qui déterminent des voies différentes de transformation et de caractère.

Une fois des divergences d'espèces acquises, on sent qu'il est, je ne dirai pas impossible, mais très-difficile à une espèce ayant l'un des types, de reprendre les caractères d'une autre qui a marché en même temps et avec laquelle elle n'a pu se croiser, d'abord parce que la même série de circonstances ne saurait se présenter exactement, et fût-elle possible, les caractères déjà acquis constituent encore une valeur qui aurait son influence sur les transformations futures et qui laisse fort peu de chance de les voir revenir à une fécondité commune qui achèverait de les unifier.

Il semble évident, par exemple, que le cheval et le bœuf ont suivi une marche de développement différente, au moins depuis très-longtemps, et que si l'on comparait un quadrupède à un oiseau, il faudrait remonter bien plus haut encore, si toutefois, comme cela semble probable en qualité de vertébrés, ils ont appartenu à une même espèce antérieure. Chaque catégorie d'êtres assez tranchée a donc dû suivre une voie particulière de développement, au moins depuis fort longtemps.

Ainsi, il semble naturel de remonter

d'autant plus haut, pour trouver ces points de divergence, que les dissemblances de caractère sont plus prononcées. De sorte qu'il faudrait remonter très-près de la forme des organismes originaires, qui semble être la cellule organique primordiale, pour trouver le point de divergence des quatre embranchements déterminés par Cuvier : les vertébrés, les mollusques, les articulés et les zoophytes; grandes divisions dont la forme organique repose en effet sur la base fondamentale d'un système nerveux distinct, bien que procédant du même principe.

Ensuite, pour les divisions de chacun de ces principaux embranchements, il faudrait remonter d'autant moins loin pour trouver leur point de divergence, qu'il s'agit de classes, ordres, genres, espèces ou races; ces dernières étant les plus récentes sous-divisions qui se soient produites. (Voir le tableau ci-contre.)

On voit que ce système peut être repré-

# ORIGINE ET TRANSFORMATION DES ÊTRES

## TABLEAU SYNOPTIQUE

### DE LA

## TRANSFORMATION DES ESPÈCES

### par P. TRÉMAUX

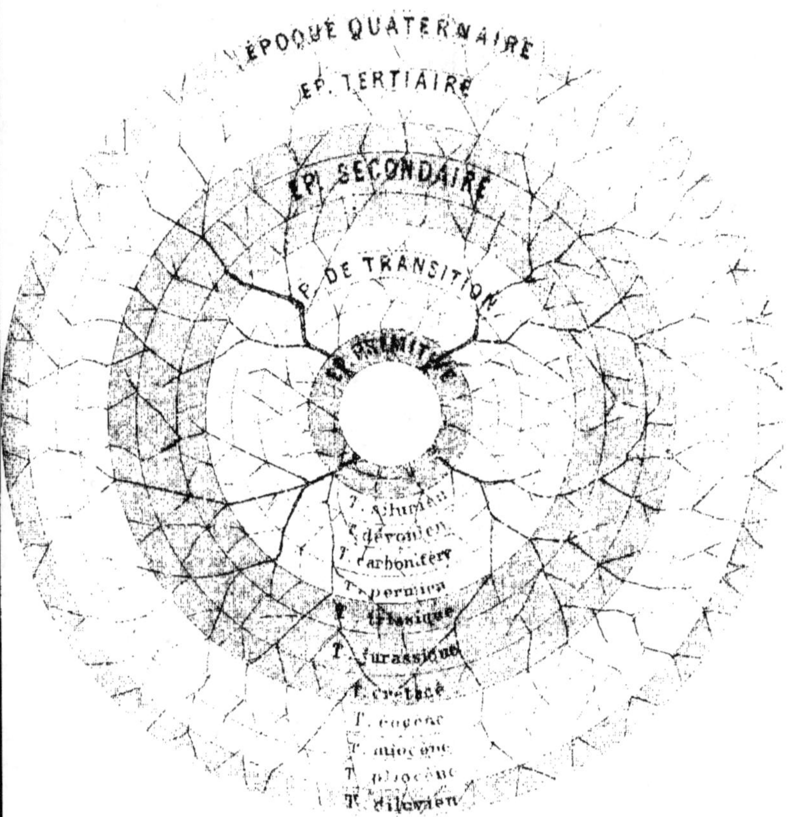



## INDICATION.

Les espèces des différents embranchements du règne animal périodiquement issues d'un même type, la cellule primordiale ou l'utricule, se subdivisant d'âge en âge, une partie des espèces restait à chaque âge, les autres continuaient à se développer et à se diviser en divergeant de plus en plus par leurs caractères.

senté par une souche à laquelle s'attachent quatre branches principales se subdivisant chacune successivement en un certain nombre de branches secondaires pour représenter les classes, ordres et genres : ces branches se terminent par un grand nombre de rameaux qui représentent les espèces et dont les bourgeons figurent les races ou variétés. En outre, les rameaux qui ont successivement cessé de vivre représentent les espèces qui se sont éteintes.

Avec cette image parfaitement saisissable, il nous est facile de montrer la part de chacun de nos hommes de science. M. Flourens, avec « ses espèces éternellement distinctes, » ne voit de cet arbre généalogique que des rameaux détachés, précédés de quelques débris ou tronçons mutilés et confus. Cuvier voit ces rameaux se rattachant à des branches de plus en plus fortes, jusqu'à ses « quatre principaux *embranchements.* » Geoffroy Saint-Hilaire voit les rameaux se rattacher aux branches secondaires, celles-ci, à des branches de plus en plus fortes, qui elles-mêmes se rattachent au tronc et font un tout complet. En un mot, il voit l'image de la généalogie des êtres animés. Peut-être a-t-il le tort de voir un peu trop exclusivement les caractères qui rattachent les parties à l'ensemble, au tronc; si toutefois on peut appeler tort la trop vive empreinte d'un trait de génie.

Au fond, que fallait-il pour que ces deux grands hommes (Geoffroy Saint-Hilaire et Cuvier) pussent s'entendre? Il leur eût suffi de s'expliquer au coin du feu, sur l'équivoque de quelques expressions, au lieu de se trouver engagés devant le public et l'Académie. M. Flourens a aussi son mérite, mais c'est ailleurs, c'est dans ses recherches sur le périoste et sur le nœud vital qu'il le trouve.

Nous voyons ainsi sous toutes les formes les êtres, à quelques degrés qu'ils appar-

tiennent, se rattacher de proche en proche
à des formes les plus simples et les plus
élémentaires qui dérivent de petits glo-
bules imperceptibles, de la cellule primordiale. Quant à la première apparition de
ces organismes élémentaires, nous ne pouvons la limiter ni comme temps ni comme
lieu.

Pour quelques séries d'êtres la suite des
transitions est très-saisissable; les articulés, par exemple, descendent par une
série de degrés très-peu différents jusqu'aux vers, qui eux-mêmes se relient
étroitement aux infusoires. Les vertébrés
se relient moins uniformément, cependant
on trouve des liaisons assez soutenues
entre les poissons et les reptiles et entre
ceux-ci et les mammifères. Pour passer de
ces derniers à l'oiseau, les degrés sont
moins soutenus; néanmoins, de nos jours
mêmes, il en existe encore. Les chauves-
souris et le manchot avec ses ailes rudimentaires qui lui servent plutôt de bras

que d'ailes, en sont des exemples. Mais il ne faut point s'étonner de cette sorte d'irrégularité, elle est tout aussi naturelle et inévitable que la distinction des espèces ; car il y a là des éléments distincts : l'eau, le sol et l'air, qui groupent nécessairement sous des formes plus spéciales, les êtres qui vivent dans chacune de ces conditions. Ces degrés doivent s'accentuer d'une manière plus prononcée, bien que la transformation originaire se soit opérée de proche en proche.

Des êtres ayant des caractères très-différents, s'ils sont appropriés aux diverses conditions dans lesquelles ils doivent vivre, peuvent néanmoins être considérés comme ayant atteint le degré de perfection qu'ils sont susceptibles d'acquérir par rapport à leurs conditions particulières dans l'époque. Car les conditions subordonnées que les êtres plus avancés laissent aux autres, ne leur permettent pas toujours d'atteindre un plus haut degré de développement relatif.

Si des êtres qui ont acquis certaines qualités se trouvent plus gênés qu'ils ne l'étaient antérieurement, ils tendent à perdre de ces qualités. C'est ainsi que des castors d'Amérique, qui jadis avaient mérité le nom d'architectes en se construisant très-industrieusement des demeures dans les lacs, et en élevant même les digues de ces lacs, ont été obligés, par le voisinage de nouvelles populations, d'abandonner leur industrie pour devenir fouisseurs, ou de se réfugier simplement dans des trous. Ce nouvel instinct est tel qu'on ne se douterait pas de leur ancienne industrie, si elle n'avait été constatée antérieurement.

En outre de ce genre de dépendance, les êtres sont, les uns végétaux aquatiques ou terrestres, remplissant diverses conditions; les autres, oiseaux, animaux aquatiques, herbivores, granivores, frugivores, insectivores, carnivores, carnassiers ou omnivores; il y a là des causes qui les enchaînent à des conditions relatives qu'ils ne peuvent franchir que difficilement.

Dans ces conditions, pour que des êtres puissent progresser proportionnellement plus que d'autres, il faut des circonstances exceptionnelles qui les favorisent et leur permettent de conquérir une place plus avancée dans l'échelle des êtres.

Pourtant il serait difficile d'indiquer ceux qui n'ont pas encore atteint leur développement normal, précisément en raison de cette condition de dépendance et de quelques autres causes qui combinent leurs effets avec celui du sol. Tel est, par exemple, le climat, qui a une certaine influence sur les êtres, et particulièrement sur ceux qui ne portent pas en eux un foyer de chaleur.

Dans cette série d'êtres ayant une action les uns sur les autres, on comprend que celui qui a conquis le premier rang soit beaucoup plus indépendant. C'est pour cela qu'il a pu, on peut le dire, se débarrasser presque entièrement de l'être qui lui était le plus immédiatement inférieur et qui le gênait davantage.

En outre de ces causes de développement, il en est encore d'autres qui agissent principalement sur les facultés mentales. Ainsi les animaux puissants, confiants dans leur force, ont moins à exercer leurs facultés instinctives pour éviter leurs ennemis. Les plus faibles sont obligés à plus de vigilance; mais la contrainte même qu'ils éprouvent les prive de divers autres moyens d'exercer ces facultés : d'où résultent des aptitudes spéciales. Les fouisseurs, par exemple, une fois réfugiés dans leurs terriers, ne peuvent exercer leurs facultés. Les quadrumanes, au contraire, qui se réfugient sur les arbres, ne sont pas dans le même cas. Leur intelligence est tenue en éveil, ils suivent des yeux leurs ennemis, ils calculent, supputent nécessairement d'une manière plus continue, plus soutenue, les chances qu'ils ont pour ou contre eux. Ils ont même à prévoir la force de la branche qui les soutient, son élasticité qui les aide à s'élancer de l'une à l'autre, etc. On conçoit que cette différence d'état doive amener un plus grand exercice des facultés mentales, que chez l'animal puissant qui a moins à craindre et que chez les fouisseurs qui trouvent en même temps la sécurité et l'obscurité qui les prive d'exercice. Ces seules observations nous montrent quelles voies a dû prendre le règne de l'intelligence. Et plus les facultés se développent, plus aussi elles trouvent de matières et de facilités pour se développer davantage. Lorsque l'on arrive à l'homme, chez lequel tout se fait par calcul, l'exercice des facultés devient une condition habituelle. Il ne se contente plus des spéculations nécessaires, il veut connaître tout ce qui l'entoure, les astres mêmes, le passé, l'avenir, l'infini. Toute chose qui dans un état moins avancé est indifférente, devient alors un sujet de re-

cherches et d'exercice. Dans de telles conditions, ces facultés et les organes qui en
sont le siége, ne peuvent moins faire que
de se développer de plus en plus. Les effets
que nous pouvons remarquer même sur
un seul individu, selon qu'il exerce ou qu'il
n'exerce pas certaines facultés, nous
donnent un témoignage palpable de ce
résultat.

A ces conditions particulières de progrès, il faut ajouter celles qui sont relatives aux qualités du sol sur lequel vivent
les êtres. Sous ce rapport, nous trouvons
l'expression de cette influence indiquée
d'une manière mathématique par l'évalua-
tion de la capacité crânienne de différents
peuples. Le tableau de ces capacités, mis
en regard de la formation géologique domi-
nante du pays qui les a fournies, donne
une preuve des plus palpables de l'influence
géologique du sol.

Dans les pays où dominent les terrains
anciens, nous trouvons les capacités moyen-

nes suivantes évaluées en centimètres cubes[1] : Australiens 1228, Polynésiens 1230, Hottentots 1232, Péruviens 1240, nègres océaniens 1253, Mexicains 1296.

Pays de formation ancienne, mais où des zones plus récentes prennent une certaine extension : Malais 1328, Mexicains 1339, nègres en général 1348, Indiens 1376.

Pays de formation mélangée, mais où dominent les terrains récents : Parisiens du douzième siècle 1426 (on sait que la population parisienne se recrute en général dans la France entière), Allemands 1448, Parisiens du dix-neuvième siècle 1462.

Pays généralement de formation récente : Parisiens des tombeaux particuliers 1484 (de la Morgue 1517), Germains 1534, Anglais 1572. Ce dernier nombre n'est obtenu que par une moyenne de cinq crânes seulement. Pour plus de rigueur, il

1. Ces documents sont dus à MM. Aitken Meigs, Morton et Broca.

resterait à déterminer le rapport entre le poids du crâne et le volume du corps auquel il appartient, car ce volume, pour être régi, paraît absorber une partie proportionnelle des facultés du cerveau.

Chacun connaît assez les facultés intellectuelles des différents peuples dont il vient d'être question pour qu'il soit superflu d'ajouter que ces facultés sont proportionnelles aux qualités géologiques du sol et aux conditions de vie desquelles elles résultent. Il résulte aussi des recherches de M. Broca et de quelques autres que les crânes d'un même pays, tout en conservant le même type, augmentent de capacité dans le cours des siècles. Cette progression est sensible si l'on remonte aux crânes de l'âge de pierre et surtout à ceux extrêmement anciens d'Engis et du Néanderthal qui rappellent fortement le crâne du singe. Toutefois, ces derniers ne seraient pas assez nombreux pour former une bonne base d'appréciation, si cette marche progressive n'était indiquée par d'autres faits; tel est celui ci-dessus indiquant pour la capacité des crânes parisiens 1426 au douzième siècle et 1462 au dix-neuvième.

Il est encore une remarque importante à faire. Lorsque l'on trouve des crânes de même forme sur des terrains différents, ils présentent néanmoins des différences essentielles. Ainsi dans les têtes longues, comme on en trouve sur quelques terrains de l'Allemagne et dans les régions anciennes de la Nigritie, MM. Broca et Gratiolet ont reconnu que dans le premier cas c'était la partie frontale, siége de l'intelligence, qui l'emportait, et dans le second, la partie occipitale, siége des sentiments. Ce fait justifie ce que je disais du nègre, lorsqu'en parlant des causes qui le mettent à la merci de l'homme blanc, j'écrivais dans mon second volume de voyage : « Le nègre possède à un haut degré les sentiments et l'esprit de famille, cette patrie du cœur; mais il possède moins que l'Européen ceux de cette autre grande famille qu'on nomme nation. » Les scènes affreuses de chasse aux hommes et d'esclavage dont j'ai été témoin ont rendu superflue pour moi cette démonstration scientifique des facultés du nègre.

Toutefois, les conditions de vie paraissent quelquefois agir d'une manière bien puissante. Ainsi, en Amérique, malgré le sol favorable que trouvent les nègres, malgré la transformation générale de leurs types qui les rapproche de plus en plus de la race blanche, nous voyons la capacité de leurs crânes influencée et modifiée d'une manière différente : elle n'est que de 1223. Ce qui nous oblige à reconnaître que l'esclavage qui réduit l'homme à l'état de bétail ou de machine à culture influe sur la partie intellectuelle, et que la privation de la famille qui devient sans partage la propriété du maître, ne laisse plus d'objet au développement des sentiments. Facultés intellectuelles et sentiments peuvent donc s'atrophier, bien que l'on puisse attribuer une partie de ce résultat au choix généralement inférieur des populations que l'on réduit en esclavage.

Nous voyons donc, sous toutes les formes, le sol et les conditions de vie marquer leur empreinte sur le développement et le caractère des êtres, ainsi que sur les facultés mentales et intellectuelles, ou, si l'on aime mieux, sur l'organe qui en est le siége.

# XIII

## COMMENT L'HOMME EST APPARU.

Une question des plus intéressantes pour nous est celle-ci : Comment l'homme est-il apparu? ou plutôt quelle est l'espèce mère d'où est sortie la première variété d'êtres suffisamment perfectionnés pour mériter le nom d'homme?

Cette espèce, croyons-nous, n'existe plus, ou du moins nous ne pouvons en posséder que des variétés fort dégénérées dans nos quadrumanes les plus avancés. Sans vouloir préciser que les représentants dégénérés de la race la plus perfectionnée qui a précédé celle de l'homme soit l'orang, le gorille, plutôt que d'autres anthropoïdes, remarquons qu'ils ne se maintiennent dans les régions qu'ils habitent que grâce à l'infériorité de l'homme dans ces mêmes contrées. Dans les régions les plus favorisées, le représentant de l'espèce du gorille, par exemple, était plus parfait relativement à lui, que ne l'est aujourd'hui l'homme blanc relativement au nègre ; car ce dernier est moins éloigné, moins isolé de ses congénères avancés, et reçoit encore une certaine amélioration des autres races humaines qui se croisent quelquefois avec lui.

L'espèce mère de l'homme était donc, dans les régions favorisées d'une plus grande supériorité relativement au gorille, que l'homme blanc ne l'est relativement au nègre. Mais cette espèce a dû disparaître devant l'homme, comme aujourd'hui les peaux rouges d'Amérique disparaissent devant les colonies européennes, comme les nègres disparaissent devant les Soudaniens moins arriérés. Si cet effet se produit entre races, qu'on juge de ce que cela doit être entre espèces différentes, mais voisines et ayant des besoins rivaux.

D'ailleurs cet homme primitif n'a pas dû être aussi répandu sur la terre que l'est l'homme aujourd'hui; car son intelligence ne lui permettait pas encore de suppléer à sa force pour se défendre contre d'autres animaux moins avancés, mais plus puissants. Les difficultés que l'on a eues pour rencontrer de rares singes dans les terrains tertiaires montrent en effet que ces animaux étaient peu répandus.

Ce n'est donc que dans quelques régions les plus favorables pour lui, que devait exister cet homme primitif, plus parfait que ce que l'on appelle aujourd'hui l'homme des bois.

Si quelques points des régions qui ont reçu les restes de cette espèce se sont recouverts, il est possible qu'un jour ils se découvrent et mettent en évidence, non les différents degrés de transition qu'il est si difficile de rencontrer, mais l'être qui pourrait être considéré comme ayant été le plus avancépendant l'époque qui a précédé celle de l'homme.

Cette disparition des races ou espèces anthropomorphes propres aux terrains récents, jointe à la marche progressive de l'humanité dont nous parlerons plus loin, a fortement distancé l'homme et les quadrumanes. Elle a établi ce que l'on peut appeler aujourd'hui l'unité de l'espèce humaine.

Les mêmes causes produisant les mêmes effets, la transformation a pu se produire sur plusieurs points sans empêcher cette unité. Pourtant on ne peut se dissimuler que cette transformation d'une même espèce sur plusieurs points en même temps soit un hasard peu probable.

Telle doit être, en résumé, la marche des choses selon les faits et les principes exposés dans ce livre. Nous allons maintenant soumettre ce résultat au contrôle d'autres faits constatés par la science et qui ont alimenté les discussions à ce sujet.

Les opinions émises avec des idées contraires à celles de la transformation des êtres ne manquent pas ; mais nous ne voulons nullement nous occuper de celles qui n'ont d'autre mobile qu'une fausse préoccupation théologique ou la vanité de donner à l'homme une souche spéciale.

Les objections scientifiques sérieuses autres que celles dont nous nous sommes déjà occupés et qui reposent sur la prétendue fixité de l'espèce sont rares. Néanmoins M. Gratiolet, professeur à la Faculté des sciences, ayant eu occasion de disséquer un chimpanzé de l'Afrique équatoriale, en a profité pour faire une communication à l'Académie des sciences et développer ses idées à la Sorbonne dans une conférence solennelle. L'opinion de M. Gratiolet reposant sur des faits d'étude sérieuse, nous allons l'examiner. Cet examen remplira d'autant mieux notre but, qu'il résume les principaux faits relatifs à ce sujet, et que cette opinion est considérée comme la plus fortement opposée aux principes que nous exposons. Évidemment si nos principes sont vrais, le travail de M. Gratiolet doit contenir des erreurs ou de fausses interprétations. C'est ce que nous allons rechercher.

Dans sa comparaison de l'homme et du singe, M. Gratiolet fait deux parts : l'une qui tient à l'organisation, l'autre aux facultés. Il accorde les ressemblances de la première, il refuse de reconnaître celles de la seconde, sans remarquer que ces différences de facultés ne sont que la conséquence du plus ou moins grand degré de développement de cette organisation. Cette relation entre le développement cérébral et les facultés est manifeste, en considérant non-seulement l'homme, mais les quadrumanes ainsi que d'autres animaux. Elle ressort même des remarques de M. Gratiolet.

« Oui, dit-il [1], si l'on ne considère que le côté matériel de la question, l'homme ressemble au singe par beaucoup de points..., l'homme se rapproche énormément du singe, bien plus, il ne ressemble absolument qu'à eux, à tel point que si l'on venait quelque jour à classer les animaux mammifères par l'étude du cerveau, c'est-à-dire de l'organe animal par excellence, il faudrait élever ce groupe des primates comprenant à la fois l'homme et le singe au rang de sous-classe dans la division des mammifères monodelphes. »

Ensuite M. Gratiolet énumère diverses ressemblances anatomiques entre les animaux vertébrés, puis il continue ainsi :

« L'homme, dans les traits généraux de son organisation cérébrale, se rapproche

1. *Revue des cours scientifiques*, 1864, n° 16.

complétement des singes. Le cerveau, se prolongeant en arrière, recouvre complétement le cervelet et le dépasse dans beaucoup de cas. Les lobes olfactifs sont rudimentaires et bien plus réduits encore que chez les singes. Le ventricule latéral a aussi une corne postérieure, un peu moins large, il est vrai, que chez les singes. La commissure antérieure n'a aucun rapport avec les lobes olfactifs et s'épanouit tout entière dans les lobes postérieurs du cerveau. Enfin, le nerf optique n'envoie qu'une racine très-grêle dans les tubercules optiques et pénètre par des expansions infiniment multipliées dans l'intérieur des hémisphères cérébraux.

« Ainsi l'encéphale de l'homme et celui des singes présentent une ressemblance typique, et cette ressemblance est exclusive ; l'homme ressemble au singe et ne ressemble qu'à lui.

« Ces analogies peuvent se poursuivre plus loin. La surface du cerveau de l'homme est plissée et ses plis ou circonvolutions se groupent dans un ordre constant. Cet ordre est le même chez les singes, sauf quelques différences de détail qui n'altèrent pas le plan général.

« L'anatomie comparée démontre ces analogies ; *toutes les différences portent sur des caractères secondaires*, sur le volume, sur la complication et sur les proportions réciproques des parties. *Mais ces différences n'altèrent en rien l'unité du type ; ces analogies sont attestées par des faits visibles, incontestables : les nier, c'est se refuser à l'évidence.* »

M. Gratiolet reconnaît toutes ces ressemblances, mais à côté d'elles il y a des dissemblances, lesquelles, bien entendu, d'après ce qu'il vient d'énumérer, ne peuvent être, en effet, que « secondaires. » Cependant, pour ne modifier en rien le sens de ses raisons, nous allons encore citer textuellement :

« Le cerveau de l'homme adulte, avons-nous dit, est semblable à celui du singe, et cependant il se développe à certains égards d'une manière toute différente. Ainsi, par exemple, les plis dans le cerveau des singes apparaissent d'abord sur les lobes inférieurs, et, en dernier lieu, sur les lobes frontaux. Dans l'homme. l'inverse a lieu : les plis frontaux apparaissent les premiers, les plis inférieurs sont les derniers. Il en résulte des différences perpétuelles pendant la vie fœtale, et l'homme, à cet égard, se présente comme une irrésoluble exception. A aucune époque, ce cerveau humain, semblable typiquement au cerveau du singe, n'est un cerveau de singe. »

Ainsi, ce qui étonne M. Gratiolet, ce qui fait pour lui une irrésoluble exception, c'est qu'à aucune époque le cerveau humain, *semblable typiquement au cerveau du singe*, n'est un cerveau de singe. Pourtant si l'on considère les nombreuses différences de vie, d'habitude, de milieu, qu'offrent l'homme et le singe, la seule chose qui doive étonner, ce serait de trouver de si faibles différences; car il suffit que l'homme se tienne debout au lieu de marcher horizontalement, qu'il ait une démarche posée, au lieu de sauter de branche en branche, pour que ces plis du cerveau se produisent d'une manière différente.

C'est pourtant là tout ce que M. Gratiolet signale sur l'anatomie du cerveau, et il passe à cet autre ordre d'idées :

« Nous avons considéré jusqu'ici les formes d'une manière abstraite, sans égard aux accommodations extérieures, et, pour ainsi dire, typiquement. Mais en se réalisant, tout animal fait partie de l'harmonie du monde, il y joue son rôle dans le concert des êtres créés; il a sa mission, ou, en d'autres termes, sa nature propre, et cette mission est écrite *dans ses organes, modifiés pour une accommodation spéciale....*

« La main du singe, et, en lui appliquant

ce nom, nous avons presque peur de prononcer un blasphème » (M. Gratiolet,
heureusement, ne paraît pas s'apercevoir
que toute son argumentation n'est inévitablement qu'un long blasphème ; main,
pied, bras, tête, cerveau, lèvres, etc., etc.).
« La main du singe anthropoïde n'est qu'un
crochet préhenseur. Dans la main d'une
guenon ou d'un macaque, le pouce n'a
aucune liberté ; son tendon émanant du
tendon qui fléchit les autres doigts, les
flexions de toutes ces extrémités sont simultanées ; mais, à défaut d'indépendance,
il a beaucoup de force. Cette liberté qui
lui manque chez les petits singes, le pouce
l'acquiert-il dans les anthropoïdes ? le tendon qui le meut, aboutissant à un muscle
distinct, va-t-il leur permettre de se mouvoir plus librement ? Loin de là, ce
tendon s'anéantit, et la force du pouce
disparaît ; il ne se perfectionne pas, *il
se dégrade ;* à peine ces longs doigts
crochus peuvent-ils, en se recourbant, tou

cher un à un à l'extrémité unguéale du pouce. L'ongle qui les termine est court, difforme, inflexible ; c'est déjà une griffe. Il serait difficile d'imaginer un organe plus mal adapté à l'exercice du toucher. »

M. Gratiolet reconnaît donc : 1° Que cette main du grand singe n'est pas en voie de progrès ; mais *qu'elle se dégrade.* 2° Qu'elle n'est pas propre à l'exercice du toucher, mais à celui de la préhension. Nous verrons plus loin ce qu'il en est à l'égard du premier point, c'est-à-dire de la dégradation. Remarquons seulement ici, que ce « crochet préhenseur » ayant plus de force à développer chez les grands singes que chez les petits, et que cette main plus longue devant contourner plus complétement les branches, le pouce doit inévitablement participer davantage à l'œuvre des doigts, et son tendon se modi-fier en conséquence ; la différence vient donc surtout de la proportion qu'acquiert l'organe, relativement à un même usage.

Constater ce résultat, c'est montrer une fois de plus que le développement des organes est régi par l'usage qu'on en fait. Cela n'empêche pas plus les grands singes anthropomorphes d'être supérieurs aux petits, que notre odorat, inférieur à celui du chien, n'empêche notre supériorité relative.

Quant au second point, il n'est guère possible de mieux retracer l'effet des influences de l'usage décrit par Lamark, qu'en suivant M. Gratiolet. Après avoir dit dans les *Comptes rendus* (t. LIX, p. 323), que « tout dans la forme du singe a pour raison spéciale quelque *accommodation matérielle* au monde, que tout au contraire dans la forme de l'homme révèle une *accommodation supérieure aux fins d'intelligence;* » nous n'avons qu'à continuer notre première citation pour mettre en évidence cette accommodation des organes aux besoins des êtres.

« Mais cette main des anthropoïdes si imparfaite pour ce but, qui n'est pas le

sien, comme elle est admirablement adap-
tée aux besoins particuliers d'un singe
arboricole! avec quelle exactitude elle
s'applique, en se recourbant dans toutes
ses parties, sur des rameaux cylindriques!
quelle force dans ce crochet suspenseur!

« Passons maintenant au symbolisme
de la face, bien plus significatif encore.

« Si nous considérons la composition
anatomique toute seule, la tête de l'homme
et celle du singe se ressemblent exactement. Mais quelle différence profonde
si nous prenons le type réalisé! »

« Dans la tête du singe, dit-il, la face
l'emporte à tel point sur le crâne, que ce
dernier caché pour ainsi dire derrière elle
ne présente plus de front. Que raconte au
contraire la tête humaine? le développement énorme du front qui la domine, fait
intervenir dans l'expression générale de la
face le signe de l'intelligence. »

Dès lors! si, malgré l'exacte ressemblance
typique, vous reconnaissez qu'il y a de telles

différences de développement dans les organes, pourquoi vous étonner des différences d'aptitudes, de facultés qui en sont la conséquence ?

Suit une description qui peut se résumer dans l'image de ces deux figures que chacun de nous a devant les yeux ; puis le professeur continue en ces termes :

« On dira peut-être que nous parlons exclusivement de la race blanche, et que cette race n'est pas la seule. Il y a en effet des hommes à museau saillant parmi les nègres et dans certaines *races dégradées*, ces races formeraient-elles donc un passage entre l'homme et le singe ? Non, mille fois non. Leur difformité même proteste contre une pareille assimilation. Loin de s'amoindrir, tous les pavillons humains s'agrandissent, s'exagèrent encore chez elles ; ce lobule de l'oreille, ces narines, ces lèvres, qui sont les caractères exclusifs de l'homme, se développent jusqu'à la difformité. »

M. Gratiolet constate ensuite que diverses facultés sont communes à l'homme et aux animaux, et pour en trouver une qui soit spéciale à l'homme, il divise le langage en deux parties : l'une qui appartient aux animaux, l'autre qui n'appartient qu'à l'homme. Il ne s'aperçoit pas que ce n'est que la perfection d'une même faculté qu'il sépare ainsi de son état rudimentaire. Il tombe dans la même confusion en parlant des facultés de l'intelligence.

« Ce langage est-il la seule faculté propre à l'homme? Non assurément. L'animal commande à son corps au gré de ses passions, mais il ne commande qu'à son corps. Est-il besoin de vous rappeler, après la conférence de notre savant collègue M. Jamin, que l'homme seul sait commander aussi aux puissances de la nature?

« Enfin, les oiseaux construisent des nids, bien des animaux sont architectes ou maçons ; mais ils agissent toujours automatiquement, et toujours de la même manière : c'est l'instinct seul qui les fait agir, car ils n'ont aucune faculté représentative des choses réelles et des idées. L'homme seul est créateur de *formes*, seul il sculpte et dessine. »

Je m'étonne que M. Gratiolet ne reconnaisse pas dans l'instinct, un rudiment d'intelligence, dans les constructions des castors, dans le nid de l'oiseau, dans les cellules de l'abeille, des éléments de sculpture et de dessin, et plus encore dans les « constructions élevées par les fourmis (en Amérique comme en Europe) pour loger les pucerons dont elles sucent la liqueur miellée. » Voyez ces intéressants détails dans les comptes rendus des séances de l'Académie des sciences (tome LIX, page 230). Il ne s'agit pas de simples descriptions, une boîte d'échantillons est mise sous les yeux de l'assemblée. Ces petits constructeurs *savent mettre à profit les accidents variés que le hasard présente*. De plus ils n'emportent pas les pucerons dans leurs fourmilières, comme cela peut se faire instinctivement, *ils ont calculé, reconnu* que si le puceron est enlevé de la tige végétale qui le nourrit, ils ne pourraient pas en tirer longtemps leur récolte miellée. De là ces constructions faites sur le lieu même qui est le plus favorable aux pucerons. Chacun n'est-il pas émerveillé de l'*intelligence* de ces intéressantes petites bêtes?

Mais on sent suffisamment que tout ceci n'est qu'une discussion de mots, lorsqu'il s'agit d'êtres qui se sont perfectionnés, depuis la cellule primordiale jusqu'aux êtres supérieurs. Venons-en donc aux faits réellement importants.

En résumé il y a dans l'opinion de M. Gratiolet deux parts distinctes, l'une sérieuse, qui est celle du savant anatomiste, où il constate des faits exacts; l'autre qui est celle du sentiment, où il parle au même titre que les philosophes qui développent le vide de leurs entités.

Il est évident que cette opinion, ce sentiment s'est développé sous l'influence de l'interprétation erronée, comme nous allons le voir, de l'examen anatomique qu'a fait M. Gratiolet; écoutons-le donc encore devant l'Académie[1], afin que son grand argument soit bien saisi dans ses diverses expressions.

« L'anatomie de la main dans les singes dit anthropoïdes, révèle des différences profondes et réellement typiques entre l'homme et les singes les plus élevés. Chez les singes, le pouce est fléchi par une division oblique du tendon commun du muscle fléchisseur commun des autres doigts. Il est donc entraîné dans les mouvements communs de flexion et n'a aucune liberté. Le même type est réalisé dans le gorille et dans le chimpanzé, mais ce petit tendon qui meut le pouce est réduit chez eux à un filet tendineux qui n'a plus aucune ac-

1. *Comptes rendus des séances de l'Académie des sciences*, tome LIX, p. 322.

tion. *Et loin de se perfectionner ce doigt si caractéristique de la main humaine, semble chez les plus élevés de tous ces singes, les orangs, tendre à un anéantissement complet. Ces singes n'ont donc rien dans l'organisation de leur main, qui indique un passage aux formes humaines*, et j'insiste à ce sujet, dans mon Mémoire, sur les différences profondes que révèle l'étude des mouvements dans des mains formées pour un accommodement d'ordre absolument distinct. Une étude approfondie des muscles du bras et de l'épaule, dans ces prétendus anthropomorphes, confirme ces résultats, *le pied présente les dégradations les plus frappantes.* »

Nous avons déjà signalé, page 299, la cause de la différence qui existe entre les mains des grands singes et celles des petits; le pied ayant une même fonction de préhension à remplir, subit nécessairement une influence analogue. Venons-en donc aux deux points capitaux de la discussion.

En définitive, M. Gratiolet constate que la composition anatomique de l'homme et celle des singes anthropoïdes se ressemblent; c'est là, en effet, le seul point qui doive faire reconnaître l'origine commune de ces êtres, puisque les différences de faculté et d'intelligence ne sont que le résultat de leurs différents degrés d'avancement et de perfection, et que M. Gratiolet reconnaît lui-même qu'elles ne sont que secondaires. Mais voici un autre côté vrai de l'examen anatomique qui a servi de base à l'opinion de M. Gratiolet et de ceux qui pensent comme lui. On donne le nègre le plus disgracié comme formant le point de transition entre l'homme civilisé et les grands singes anthropoïdes, et ce savant zoologiste reconnaît, d'une manière indubitable, que des organes de cet homme des bois sont en voie de *dégénérescence* et non de perfectionnement; « *qu'il se dégrade* »

au lieu de se perfectionner ; que, par conséquent, « les races nègres ne forment pas
un passage entre l'homme et les singes. »
Par suite, il s'écrie : « Non, mille fois non. »
En cela, il a raison. Le nègre n'est pas un
être de transition, et nous répétons volontiers avec lui : Non, mille fois non !

Ici, le fait devient très-remarquable,
très-important, M. Gratiolet reconnaît,
exactement comme nos lois l'indiquent,
que le nègre ne forme pas le passage entre
les singes anthropoïdes et l'homme ; mais
rien, absolument rien, ne lui dit qu'il n'y
ait pas une autre voie de transition. Au
contraire, une complète similitude de
composition anatomique tend à l'affirmer.
Néanmoins, il tranche la question ; absolument comme les naturalistes qui veulent
que le moyen « le plus efficace » d'obtenir de nouvelles espèces soit l'hybridation, et qui, ne pouvant les obtenir
ainsi, déclarent nettement la chose impossible.

On voit par là le danger qu'il y a pour la science de croire que parce que l'on a reconnu l'erreur d'une supposition, on a définitivement éclairci les faits. Ainsi, dans ce cas, ce sont précisément les raisons sur lesquelles M. Gratiolet croit fonder une opinion qui servent à démontrer l'opinion contraire.

En effet, pour celui qui aura prêté la moindre attention à ce que nous avons dit précédemment, il est superflu de répéter que le nègre arriéré n'est pas un singe perfectionné directement, mais un *homme dégénéré*, de même que les singes anthropoïdes sont des êtres *dégénérés* d'une espèce plus avancée qui, elle aussi, a possédé en son temps des régions de la terre plus favorisées et, par suite, donné naissance à des êtres plus parfaits qui ont formé la souche dont nous sommes sortis.

En définitive, les remarques de M. Gratiolet, qui semblaient si contraires à la transformation, constituent une confirma-

tion des plus sérieuses à l'appui du principe que nous avons développé.

Tant est fécond un principe vrai, que
celui qui nous a déjà expliqué un aussi
grand nombre de faits, qui vient encore de
transformer la plus sérieuse objection en
une confirmation, va faire de même à l'é-
gard de la seconde de ces objections
scientifiques. Nous ne connaissons, disent
MM. Schröder, Van der Kolk, Vrolick et
d'autres, aucune espèce de singes formant
un passage direct à l'homme, il faudrait
chercher la main chez le chimpanzé, le
squelette chez le siamag, le cerveau chez
l'orang, le pied chez le gorille, lesquels
singes habitent divers pays parfois très-
éloignés. Ce ne sont donc pas les caractères de plusieurs espèces qui peuvent se
réunir pour en former une autre, mais
bien ceux de l'une qui se modifieraient
pour en faire plusieurs.

A cette objection, nous n'avons qu'un
mot à répondre : Votre supposition seule

est mauvaise. La transformation d'un type en plusieurs branches est précisément ce qui a eu lieu, l'espèce mère de l'homme s'est perfectionnée ou a dégénéré selon les pays où elle s'est répandue. Nous sommes donc tout à fait d'accord, et les conditions particulières de chacun de ces pays nous expliquent également pourquoi chaque groupe a ses caractères propres.

En regard de la comparaison de la main de l'homme et du singe que M. Gratiolet trouve très-dissemblables, sans songer à la longue suite de générations et aux usages si différents qui l'ont modifiée, on me permettra de citer un petit souvenir de voyage relatif à des pieds d'une même génération. Non que ce fait soit des plus frappants, témoin ceux bien autrement remarquables constatés par M. Sedillot, sous ce titre : *De l'influence des fonctions sur la structure et la forme des organes* [1], mais

1. *Comptes rendus des séances de l'Académie des sciences* (t. LIX, p. 539 et t. LX, p. 97.)

parce que cette remarque est à la portée de tous; que chacun peut l'apprécier et a dû même la reconnaître à un degré plus ou moins prononcé.

A Dongolah (El Ordah des Égyptiens), située sur la lisière sud du Saharah, près des bords du Nil, j'attendais l'organisation d'un nouveau moyen de transport; car là, il n'y a ni chemins de fer partant à la minute, ni voitures partant à l'heure dite, ni même d'autres services à jours donnés. Lassé d'attendre, j'étais allé chez le gouverneur le prier de faire accélérer nos préparatifs de départ.

L'heure étant propice, il était accroupi sur les nattes d'un kiosque de son jardin; comme d'usage, il m'invite à *m'accroupir* à côté de lui et à accepter le café. Malgré mes longs voyages en Orient, c'est toujours avec contrainte que je prends cette posture, avec les jambes croisées, sans un dossier quelconque qui m'aide à conserver la position verticale de mon échine. L'homme de l'Orient, au contraire, non-seulement se tient sans effort dans cette position; mais s'il a besoin de prendre quelque chose devant lui, pour l'atteindre plus facilement, il se couche au besoin la poitrine sur les jambes. Il n'est personne dans notre Occident, si ce n'est quelque Auriol démanché, qui puisse facilement exécuter ce mouvement. Pourtant, avec M. Gratiolet, je suis persuadé qu'il n'y a là aucune différence anatomique, mais seulement une faculté provenant de l'usage.

Je pris donc place sur le bord du kiosque où j'avisai une colonnette propre à servir de point d'appui à mes reins trop peu assouplis.

Après les *salamek* d'usage et avoir pris connaissance du motif de ma visite, le Turc se recueillit comme s'il s'agissait d'une grave question diplomatique. La fumée des chibouks s'élevait silencieuse dans l'air, lorsqu'il me sembla entendre des plaintes; mes yeux se portèrent de ce côté. Bientôt je vis deux femmes, l'une soutenant l'autre, qui s'avançaient péniblement dans notre direction.

Lorsque le gouverneur vit mon attention captivée, il retrouva la parole pour causer d'affaires. A mon tour je répondais à peine; heureusement le drogman, qui connaissait le sujet de ma visite, était là pour compléter le sens de mes réponses.

Pendant ce temps, les deux femmes, qui étaient deux esclaves de mon hôte et que le chemin obligeait à passer près de nous, s'étaient approchées. L'une de race blanche, mais que j'appellerai Noire tant sa peau était sombre et brûlée par le soleil de Dongolah, avait des traits peu avenants. Ses pieds nus, caleux et poudreux, paraissaient complétement étrangers à toute chaussure et laissaient étaler sur le sol des doigts divergents en pattes d'oie. Cette forme de pieds se voit sur quelques-unes des lithophotographies de mon atlas de voyage. L'autre femme au contraire que j'appellerai Blanche et qui était très-pâle marchait également pieds nus; mais ses pauvres pieds paraissaient n'avoir jamais caressé que la fourrure d'une babouche ou le velouté d'un tapis. Aussi chaque gravier, chaque accident qu'elle rencontrait sous ses pas, lui arrachait un cri de douleur. Les doigts de ses pieds restaient réunis comme s'ils avaient voulu se fondre en un seul, pour rendre la pointe de la babouche plus mignonne. Blanche s'appuyait fortement sur sa voisine qui, avec la corne endurcie de ses pieds et l'enveloppe pachyderme qui les protégeait, ne paraissait nullement s'inquiéter des accidents de la route. Elle portait toute son attention à soutenir sa compagne éplorée.

Lorsque ces deux femmes passèrent près de nous, le Turc fronça le sourcil. Blanche comprima un sanglot et essuya une larme. Les deux femmes pénétrèrent à la maison.

Le drogman, lorsqu'il y a profit, sait

faire plaisir à celui qui l'occupe. A peine nos explications d'affaires furent-elles entendues avec le gouverneur, que mon interprète se glissa vers les gens de la maison; de sorte que maintenant, grâce à son indiscrétion, je puis ajouter quelques mots de plus à l'égard de ces deux femmes.

Blanche et Noire *étaient sœurs*, par conséquent je puis déjà assurer, contrairement aux idées de M. d'Omalius d'Halloy dont nous parlerons plus loin, que le croisement de race n'était pour rien dans cette différence de teint puisqu'elles sont nées semblables sous ce rapport. Le Turc, en quittant le Caire, les avait emmenées avec lui. Les esclaves noires ne manquent pas à Dongolah raison de plus pour en avoir de blanches; seulement il faut compter avec le soleil du pays. Noire étant laide avait été de tous temps consacrée aux durs travaux de l'extérieur et avait peu à peu pris l'aspect que nous lui avons vu. Blanche plus favorisée avait été réservée pour le harem. Mais, hélas! les outrages du temps avaient tout au moins rendu le maître plus sévère et plus rigoureux à son égard. Une faute plus ou moins réelle avait été pour cette femme le sujet, peut-être le prétexte, de son exclusion du harem, et de son emploi aux travaux plus durs qu'elle venait de remplir avec sa sœur.

Cette petite anecdote n'a rien que de très-ordinaire à l'égard des pieds, chacun de nous a pu faire la même remarque chez certains bergers ou hommes des champs, chacun de nous a pu par comparaison reconnaître que ces pieds sont en quelque sorte garnis de corne, d'une espèce de sabot naturel qui les protège; tandis que chez les personnes qui ont toujours des chaussures aux pieds, on trouve une peau délicate et même une des parties les plus sensibles du corps.

Si quelques années seulement modifient à tel point les organes, selon l'usage qu'on en fait, que ne doit–on attendre d'une action qui agit dans les conditions de vie les plus diverses et qui se poursuit pendant une infinité de générations, pendant des siècles accumulés! Nombre de faits attestent cette très-grande longueur des temps écoulés. Un nouveau témoin vient d'être découvert dans les fouilles de l'usine à gaz de la Nouvelle-Orléans : on a trouvé un crâne d'Indien à une profondeur telle, dans les couches de limon accumulées, que selon la marche de leurs dépôts, et l'âge des grands végétaux qui y sont superposés, on estime qu'il était là depuis 57 000 ans. Pourquoi s'étonner que la main du singe qui lui sert continuellement à saisir les branches en sautant de l'une à l'autre, ait quelques différences avec celle de l'homme qui s'en sert autrement? Dans ce cas, lorsque les formes anatomiques sont semblables, on peut dire que les êtres qui les possèdent sont relativement d'assez proches parents.

Quant aux différences de développement de ces organes semblables, nous verrons encore mieux sous le titre xx, par quelle marche progressive de l'humanité, l'écart s'est prononcé au point où nous le voyons aujourd'hui!

Comme on l'a vu, M. Gratiolet a signalé une chose très-méritante par elle-même, la dégénérescence de certains organes du singe, et pourtant, il fait complétement fausse route dans ses conclusions. Il est en présence de deux grands faits, l'un est la ressemblance typique qui accuse l'origine commune de l'homme et des quadrumanes, l'autre, qui n'accuse que des modifications secondaires de dégénérescence conciliables avec le premier fait, mais qui interprétées sous un faux jour, deviennent la base d'une opinion accueillie par beaucoup de monde, surtout par des savants.

Comment des hommes sérieux, qui discutent une opinion aussi grave que celle de la transformation des êtres, peuvent-ils croire que le but soit atteint, parce qu'on a signalé l'erreur d'une supposition, sans songer que la vérité ne peut être exclusivement *ni dans l'un, ni dans l'autre des ordres de faits qui se contredisent ou plutôt qui semblent se contredire; mais seulement dans la loi qui les explique l'un et l'autre?*

Après cela, M. Gratiolet se plaint de la manière dont l'opinion contraire à la sienne est soutenue, tout en posant lui-même les conclusions les plus forcées: « Les faits, dit-il (*Comptes rendus*, t. LIX, p. 323), les faits sur lesquels je viens d'insister me permettront du moins d'affirmer avec une conviction fondée sur une étude personnelle et attentive de tous les faits connus, que l'anatomie ne donne aucune base à cette idée si violemment défendue de nos jours, d'une étroite parenté entre l'homme et le singe. » (On peut croire pourtant d'après cela, que M. Gratiolet n'ose pas nier positivement la pa-

renté, mais seulement *l'étroite parenté*.)
« On invoquerait en vain, dit-il encore,
des crânes évidemment monstrueux, trouvés par hasard, tels que celui de Néanderthal. On trouve encore çà et là des formes
semblables. elles appartiennent à des
idiots. »

Sans vouloir rechercher par quel hasard
improbable des idiots du Néanderthal,
d'Engis, du Danemark, de maintes cavernes et tombeaux de l'âge de pierre auraient eu le singulier privilége de laisser
leurs crânes arriver jusqu'à nous, disons
seulement que même en admettant cette
supposition gratuite, il resterait encore
cette autre remarque à signaler : s'il peut
naître accidentellement des hommes assez
idiots pour se rapprocher beaucoup des
singes anthropomorphes, si presque sans
transition on peut perdre ces facultés
sublimes, pourquoi donc vous étonner
que des conditions de vie très-différentes, agissant pendant des milliers de gé-

nérations, aient pu amener un résultat analogue?

En vérité, on se demande comment des conclusions si peu fondées, si mal interprétées, pourraient nous priver des immenses bienfaits qui doivent résulter pour l'humanité, de la connaissance exacte des lois qui président à son développement, à son bien-être, à son avenir.

XIV

## POSITION DU BERCEAU DE L'HOMME.

A la suite du sujet que nous venons d'examiner, le premier qui se présente est celui-ci : Quelle est la contrée qui a vu se développer les premiers hommes? En d'autres termes : où faut-il chercher le paradis terrestre? car tel est bien le nom qu'il faut donner à ce lieu de prédilection. Notre loi de coïncidence des types avec les qualités du sol, vient de nous confirmer l'exactitude de cette tradition théologique.

Si nous possédions dans leur entier les cartes géologiques et topographiques du globe, on pourrait avec beaucoup de probabilité, mettre directement le doigt sur ce point. A défaut, nous devons nous borner à en indiquer les conditions et les probabilités.

D'après les principes que nous venons de développer, il est évident qu'il faut chercher la première apparition de l'homme sur les parties du globe qui offrent les terrains les plus favorables à son existence ; soit qu'on s'en tienne à l'époque quaternaire, soit qu'on remonte au terrain pliocène, ou même plus haut dans l'époque tertiaire, c'est toujours sur des terrains les plus favorables de chaque époque qu'il faut chercher le développement de l'être le plus favorisé par les dons de la nature.

La seconde condition, c'est que les êtres qui vivaient sur cette région aient pu se trouver suffisamment isolés de l'espèce mère, pour progresser d'une manière indépendante d'elle.

En outre, un grand ensemble de faits peut nous servir à circonscrire considérablement nos recherches. C'est la marche des peuples émigrants qui nous montre, d'un côté les pays d'où ils sortent, de l'autre, ceux où ils se répandent, le plus souvent pour dégénérer ou s'éteindre.

Les grands traits de ces migrations sont, d'une part, leur marche à l'ouest vers l'Europe, au sud vers la Nigritie; dans l'est, vers les régions primitives de la péninsule indienne; au nord, vers la Laponie. Des Huns envahirent aussi la Mandchourie et la Chine.

Si les documents géologiques et géographiques ne nous permettent pas encore de résoudre la question d'une manière suffisamment certaine, nous pouvons cependant arriver à un assez grand degré de probabilité, en soumettant au contrôle de nos lois les recherches qui ont déjà été faites par d'autres voies.

Plusieurs opinions ont été émises. Les unes placent le berceau de l'homme au sud de la mer Caspienne. Nous voyons que cette contrée ne saurait entrer en ligne, parce qu'elle n'offre pas les conditions favorables pour isoler une variété avancée de l'espèce mère.

Quant à l'opinion récente qui ferait de l'Allemagne la terre qui aurait donné naissance à l'homme, elle présente encore plus d'improbabilité. Nous aurons, d'ailleurs, occasion d'examiner cette opinion.

Il en est une autre qui place ce berceau de l'homme dans la Bactriane ou Boukarie actuelle, dans le Turkestan. Cette opinion semble déjà la mieux fondée. Dans les livres Zends, dans les livres sacrés de la Perse, il est fait mention d'un pays fortuné, *l'Aryane de l'origine* (Airyana Vaêga), situé au nord du plateau de l'Iran. Des traditions analogues se retrouvent chez les

Hindous. L'étude des radicaux de la langue aryane, tirés des langues qui en sont dérivées, nous apprend que le nom des Aryens voulait dire les hommes purs, que c'était un peuple pasteur aux mœurs douces et bien doué. Leur ambition était d'avoir de nombreux troupeaux, la richesse et la santé ; de l'âme, il n'était pas encore question. Ils célébraient dans les hymnes les bienfaits matériels, la nuit qui apporte le repos, l'aurore qui ramène la gaieté, les verdoyants pâturages, le fleuve limpide, leur supériorité sur les autres peuples.

Ces données et les noms des animaux connus des Aryas, indiquent la Bactriane comme lieu de leur séjour.

Nous allons maintenant voir quelle puissante confirmation ces documents reçoivent des lois que nous venons de faire connaître, appliquées à la simple description de ce pays.

Les habitants actuels de la Boukarie, jaloux de leur indépendance et de leur riche contrée, laissent très-difficilement pénétrer dans leur pays. Pourtant un jeune Polonais, le lieutenant Witkiewez et l'Anglais sir Alexandre Burns y ont pénétré. Ce dernier en donne la description suivante qui concorde avec celle de Quinte-Curce, dans l'expédition d'Alexandre.

La Bactriane est un pays fertile arrosé de nombreuses sources, boisé dans certaines parties, riche en pâturages, produisant le blé, la vigne, et nourrissant en abondance des hommes et des troupeaux. Au nord on trouve les steppes des Kirghiz, habitables seulement pour des hordes nomades, steppes salés et couverts d'eau saumâtre, dernier vestige d'une ancienne mer, dont les mers Caspienne et d'Aral sont les restes. A l'ouest, sont des dunes de sable mouvant, soulevées, comme dans le Sahara, par les moindres vents. A l'est, et sur environ moitié de son contour, se dresse la barrière neigeuse des monts Belour.

Un Français, M. H. de Blocqueville, a pénétré dans la partie sud-est de ce pays, avec une armée persane. Sa relation n'a pas encore paru; mais un rapport de M. de Tessan, à l'Académie des sciences[1], nous en fait connaître les principaux traits. Pour s'abreuver en franchissant le désert, l'armée détourne la rivière d'Hérat et en dirige les eaux dans un ancien canal. Mais l'eau, absorbée et retenue par les sables, s'arrête avant d'atteindre Gourk Tépé. L'armée creuse des puits qui lui donnent de l'eau saumâtre et en trop petite quantité; elle perd beaucoup de chevaux, de bagages et arrive néanmoins à Kara-Iab (Eau noire), sur le territoire de Merve (la Mérou des anciens). Là elle se trouve en face du camp ennemi, mais elle en est séparée par la rivière non guéable qu'elle ne peut franchir. Dans sa retraite elle est mise en déroute, perd la totalité de ses bagages

1. *Comptes rendus*, t. LIX, p. 948.

et presque tous ses fantassins, qui sont faits prisonniers. M. de Blocqueville est du nombre.

Ces détails sont de nature à donner une idée de l'isolement de ce pays. En voici d'autres relatifs à son sol et à sa fertilité.

Merve était un pays jadis florissant, où les céréales rapportaient 100 pour 1 de semence. Aujourd'hui cette région est envahie par les sables incessamment rejetés par les flots de la mer Caspienne, et que les vents dessèchent et emportent au sud-est vers l'ancienne Bactriane. Le désert paraît s'être considérablement étendu dans cette direction, depuis le temps d'Alexandre le Grand. Le terrain sur lequel reposent les dunes est argileux, compacte, son épaisseur est d'environ dix mètres. Des efflorescences salpêtrées y sont très-communes. Le pied s'enfonce jusqu'à la cheville dans ce sol ameubli par elles, et, dit M. de Tessan, elles expliquent très-bien son étonnante fécondité lorsqu'il est arrosé.

Nous savons d'ailleurs que la Bactriane fut, à une époque très-reculée, le centre d'un puissant empire dont les traditions vantaient la civilisation. Les Grecs, qui considéraient généralement les autres peuples comme barbares, les nommaient *Huns blancs* à cause de leur civilisation et de leur douceur.

Ces descriptions, suppléant à l'insuffisance de nos cartes et des documents géologiques, indiquent un pays remplissant toutes les conditions que nous avons posées : isolement très-suffisant à une époque primitive, fertilité et point de divergence des populations émigrantes. On reconnaît par là que cette région acquiert des titres d'autant plus grands à être considérée comme le berceau de l'espèce humaine, que l'on y est conduit par des ordres de faits complétement étrangers les uns aux autres.

Toutefois nous sommes obligés de reconnaître aussi que ce paradis terrestre est en voie de disparaître devant les dunes que lui apportent les vents de la mer Caspienne, et d'autres mouvements qui, après avoir détourné le cours de l'Oxus, ont encore plus récemment interrompu celui d'un de ses affluents, le Kyzil, au centre même du Turkestan. Néanmoins le peuple turc originaire de ces régions, qui vint dans le quatorzième et le quinzième siècle, faire trembler l'Europe dans ses fondements, montre encore la valeur des hommes qu'elles ont formés. Notre dicton : *fort comme un Turc*, est aussi un témoignage en leur faveur. Mais ces Turcs s'étant principalement fixés sur les terrains en partie primitifs, entrecoupés de zones tertiaires, de l'Asie mineure et de la Roumélie, et leur capitale reposant sur des terrains très-mauvais, ne tardèrent pas à perdre une partie de leurs qualités et de leurs aptitudes. Maintenant ils ne font plus rien trembler du tout. Nous verrons d'ailleurs (titre XVII), que les peuples originaires de la Bactriane et de la Sogdiane se sont modifiés différemment selon la nature géologique des pays où ils sont fixés.

Ainsi, il ne suffit pas qu'un peuple ait été bien doué, favorisé par un bon sol, il faut encore qu'il continue à jouir des mêmes conditions, s'il veut conserver les mêmes qualités.

## XV

## CONCILIATION DES DIFFÉRENTES ÉCOLES.


Les discussions de Cuvier et de Geoffroy-Saint-Hilaire, à l'Académie des sciences, la manière dont telle ou telle opinion y est accueillie aujourd'hui, le ton de certains livres de sciences naturelles montrent combien chaque école tient à son système. Pour Blainville et d'autres après lui, la stabilité des espèces est une condition nécessaire à l'existence de la science;

ce qui revient à dire, les choses n'étant pas ainsi, que la science consiste à ne pas savoir, qu'éclairer la science, c'est la renverser.

Cet acharnement d'opinions tient, nous l'avons dit, à ce que chaque école fonde ses principes sur une certaine série de faits vrais, mais que l'on croit opposés, tandis qu'ils ne sont que les différentes faces des mêmes principes. Ils ne sont en réalité que les diverses applications de la loi géologique qui régit les êtres, et des combinaisons de cette loi avec celle des croisements.

Ces divergences mêmes de principes montrent assez qu'il y avait des lois fondamentales incomprises.

Lorsque l'on considère que ces écoles sont fondées sur des séries de faits vrais et qu'elles sont soutenues par des hommes distingués, il faut bien croire aussi que ces grandes lois, pourtant si simples, n'étaient pas faciles à découvrir.

Le mot de la difficulté semble résider

dans leurs combinaisons d'effets. L'une d'elles, le croisement, tend sans cesse à unifier les êtres qui y sont soumis; l'autre, l'action du sol, tend, au contraire, à les diversifier; de plus, elle améliore les êtres dans certains cas, parfois les maintient sans changement, d'autres fois les fait dégénérer.

Ces deux grandes lois, quoique très-simples dans leurs principes, produisent donc, par leurs combinaisons, plusieurs séries d'effets, en apparence contradictoires. C'est cette apparente contradiction d'effets qui a jeté le désordre dans les esprits.

Mais le caractère des grandes découvertes, des principes vrais, est d'éclaircir les difficultés. Nos lois doivent donc dévoiler la cause de ces divergences et faire voir ce que chaque école a de vrai ou d'erroné.

Ces lois nous montrent, en effet, que, si les écoles ne pouvaient s'entendre, c'est que chacune d'elles s'appuyait particulièrement sur certaines catégories de faits qui ne représentaient que l'une des faces de la question. Résumons brièvement les principales causes de divergence, l'ensemble de ce livre devant suppléer à notre laconisme.

L'école polygéniste, se fondant sur la persistance des types dans chaque contrée, sur leur persistance même dans certains cas de changement et sur l'enchaînement qui relie plus particulièrement les êtres de chaque région, en déduit qu'il y a eu autant de centres de création que de types suffisamment caractérisés.

Toutes ces séries de faits ont un grand côté vrai. Le même sol entretient naturellement le même type; seulement, il transforme aussi, sous le même type, les immigrants qui viennent s'y installer; mais, comme cette transformation ne se fait que lentement, on l'attribuait à des mélanges de races, puis on en amoindrissait les effets de différentes manières, attendu que cela semblait contraire au principe de persistance si grandement accusé.

L'école des Aristote, Lamark, Geoffroy-Saint-Hilaire, Darwin et autres, remarque surtout qu'il y a eu progrès dans les êtres depuis leur apparition sur le globe jusqu'à nos jours, qu'il existe aussi un même plan de création et un certain enchaînement de formes. Elle en conclut qu'il y a un progrès continu dans les êtres résultant d'une transformation incessante et constamment progressive. Bien que le résultat définitif soit vrai, la marche qu'elle suppose est complétement erronée, ce qui se conçoit, puisqu'elle ne connaissait ni la cause, ni la marche de ces transformations, elle ne peut expliquer ni la raison pour laquelle les êtres se transforment, ni pourquoi ils sont si nettement séparés en espèces, ni la cause des longues périodes de persistance des espèces sous un même type, ni même celle de la dégénérescence. Elle a donc peu de partisans.

Enfin une troisième école admet des créations successives par espèces et non par localités ou centres de création. Elle ne voit que la fixité de l'espèce avec variation de races seulement ; parce qu'elle ne comprend pas comment l'espèce peut changer en présence de ces degrés tranchés et de ces longues périodes de stabilité avec variation restreinte qui la caractérisent. Elle oppose donc aux autres écoles cette distinction des êtres en espèces et leur apparente fixité, comme un obstacle absolu au passage par transformation, d'une espèce à l'autre. Elle montre même de nombreux cas contraires au progrès, et particulièrement la dégénérescence de la plupart des animaux d'Europe transportés en Amérique ; ce qui d'après notre loi est exact, puisque les terrains d'Europe sont en somme supérieurs à ceux d'Amérique. Elle suppose assez généralement que ces changements d'espèces viennent de grands cataclysmes qui auraient détruit les espèces antérieures et amené la création de nouvelles espèces.

Tels sont les faits qui servent de base aux principales écoles.

Voilà certainement des objections qui paraissent sérieuses. Pourtant tous ces faits rentrent sous nos lois de la manière la plus simple et la plus rationnelle.

En effet, si un peuple ou des animaux ne changent pas de pays, de terrains, ou si en émigrant ils rencontrent un même sol, le type ne change pas, comme le remarque l'école polygéniste. S'ils passent d'un terrain ancien sur un plus récent, ou même dans de meilleures conditions de vie artificiellement produites, ils se perfectionnent, comme le dit l'école du progrès constant. Au contraire, s'ils passent d'un terrain récent sur un plus ancien, ils dégénèrent. Si les races que perfectionnent les terrains récents se croisent avec celles que font dégénérer les terrains anciens, ces deux effets en sens contraire se font équilibre par les croisements, même peu fréquents, qui se produisent entre ces races, et l'espèce entière semble demeurer fixe avec ses seules variations de races; c'est la condition la plus générale et qui sert de base à l'école de la fixité de l'espèce.

Mais si une partie de l'espèce se trouve isolée sur un bon sol, elle continue de s'améliorer, et n'étant plus ramenée au type moyen par le croisement, les changements accumulés finissent par rendre inféconds les croisements avec l'espèce mère; alors une nouvelle espèce est constituée.

Enfin l'enchaînement des espèces dans une même contrée est un autre grand résultat, qui tient à ce que les espèces voisines descendent d'un même type et qu'elles se groupent par les croisements qui se font séparément pour chaque région suffisamment séparée, à mesure que le sol opère des transformations.

Ainsi se trouve résolu le grand problème; toutes les bases des principes qui divisent les naturalistes sont comprises sous deux lois très-simples : l'action du sol et l'effet des croisements.

Après ce rapide examen des principaux systèmes que s'opposaient les écoles, on conçoit qu'il n'était guère possible d'être satisfait, pas plus de l'un que de l'autre ; chaque système n'étant fondé que sur une seule face du problème, il s'en trouve plusieurs autres pour le contredire.

Aussi, M. Duruy, ministre de l'instruction publique, après avoir rappelé dans son *Histoire de la formation du sol français*, les opinions de nos hommes les plus distingués, de nos plus grands philosophes sur la formation des espèces, n'y trouvant rien de satisfaisant, s'exprime ainsi[1] :

« Mais laissons, malgré l'attrait irrésistible qu'il a pour notre esprit, laissons ce problème insoluble ; car en tout l'origine nous échappe et jamais nous ne saisirons

1. *Revue contemporaine*, n° du 31 juillet 1864, liv. II. p. 228.

le secret que Dieu s'est réservé. Hors de l'expérience, la science ne trouve que des abîmes, comme au delà de l'observation psychologique et des idées que la raison y puise, la philosophie n'a vu, depuis trois mille ans, que les ténèbres palpables de l'ontologie. »

Certes, dévoiler le secret que Dieu s'est réservé, niveler les abîmes, éclairer les ténèbres palpables de l'ontologie ; voilà une bien grande tâche, un éblouissant programme. Pourtant, nous croyons l'avoir rempli ! Et puisque la science s'en réfère à l'expérience, à l'observation, on voudra bien remarquer que nous ne nous sommes pas bornés à celle de quelques plantes dans une serre, ni d'un chien et d'un chacal dans une cage ; car M. Flourens l'a dit [1] : « Les petites variations plus à notre portée nous absorbent, les petits phénomènes nous font oublier les grands. » Aussi nous

1. *Examen de l'origine des espèces*, p. 48.

avons pris le globe entier pour y montrer
les lois de la nature. Voilà assurément une
grande et belle observation, une expérience
sans pareille. Et, pour donner une preuve
de plus que les lois que nous en avons tirées
sont justifiées par les faits, nous n'avons
qu'à poursuivre la judicieuse citation de
M. Duruy :

« Il résulte toujours de l'histoire de la
formation du sol français, qu'à côté des
forces de destruction, existent les forces de
renouvellement, et s'il faut renoncer à
l'idée séduisante que la nature ne procède
que du simple au composé par une marche
ascensionnelle, réglée, constante ; on peut
reconnaître, à contempler le plan de la
création dans son ensemble, un développement continuel des formes organiques, un
perfectionnement graduel des êtres, animaux et végétaux. »

Cette appréciation fait une juste part
entre les diverses théories, et rien ne saurait mieux la justifier que cette simple

application de nos lois. Le sol de l'ensemble du globe a continué à s'améliorer : de là le progrès général des êtres ; mais l'écorce terrestre s'étant tourmentée de mille manières, a mis à nu, ici une couche géologique, là une autre, et par conséquent le progrès général des êtres qui dépend du sol a dû présenter de nombreuses irrégularités. Par suite, à côté des mauvais terrains, s'en trouvent de meilleurs qui ont perfectionné les êtres qui doivent supplanter les autres.

Lorsque chacune des écoles ne s'empare que d'un lambeau de la vérité, et qu'au lieu de chercher à rattacher ensemble ces parties d'un tout, elles les disloquent, les tirent dans diverses directions ; la résultante de ces efforts ne peut en effet amener que la confusion, les ténèbres, creuser l'abîme et ne rencontrer que secrets et mystères.

# XVI

## ÉCLAIRCISSEMENTS SCIENTIFIQUES.

Ce livre tout entier n'a d'autre but que
celui de donner des solutions et des éclaircissements scientifiques, et, fût-il beaucoup
plus volumineux, il ne pourrait suffire
à tous ceux qui doivent résulter des lois
qui nous occupent. Nous ne pouvons donc
mentionner ici que quelques faits propres
à donner une idée des résultats qui doivent découler de ces lois, plus spéciale-

ment pour l'histoire naturelle et ses applications les plus usuelles.

Si maintenant nous nous reportons au
problème posé par M. de Quatrefages,
page 15, et considéré comme insoluble depuis la plus haute antiquité, nous reconnaissons que cette solution n'offre plus de
difficulté.

La double action qui tend, d'une part, à
la variation, de l'autre, à la stabilité, est
facile à reconnaître; c'est d'abord le sol
qui modifie les êtres s'ils changent de terrain ou qui maintient leur type s'ils ne
changent pas; ensuite, le croisement qui
unifie les diverses variétés ou qui les laisse
se modifier de plus en plus s'il cesse d'agir.

Avec ces deux ordres de faits, tout s'explique, le problème tant cherché devient
une chose très-simple.

En même temps que nous avons reconnu
la cause de perfectionnement et de varia-

tions des êtres, si nous n'avions été assez
heureux pour découvrir aussi celle de la
formation des espèces, on nous aurait certainement opposé cette question tant agi-
tée d'une prétendue immutabilité de l'espèce comme un obstacle infranchissable.
Mais aujourd'hui rien n'est plus facile que
de nous rendre compte de ce qui arrive en
cas de trouble dans l'espèce, c'est-à-dire
de modifications graves d'une partie des
individus par l'effet du sol. Ce sont les
croisements possibles qui ramèneront l'u-
nité de type, ou mieux du caractère spécifique.

Avec cette loi des croisements, que devient cette opinion généralement admise
par les naturalistes que les croisements entre espèces distinctes sont frappés de sté-
rilité en vertu d'une loi spéciale, afin
d'empêcher le mélange et la confusion de
toutes les formes vivantes? On voit, au
contraire, que plus la fécondité se fût
étendue et plus les espèces eussent été

grandes et distinctes! que même, si cette fécondité eût pu devenir générale, elle eût fondu, unifié sous un seul type moyen en une seule espèce, tous les êtres qu'eût atteints son action.

Dans ce cas, des éléments différents ou des continents séparés auraient pu seuls amener des distinctions d'espèces.

Chacun sait que les modifications qui se produisent chez les espèces domestiques sont plus nombreuses et plus sensibles que celles des espèces sauvages. La cause principale est facile à saisir : c'est que l'homme, en s'opposant au libre croisement des races domestiques, en dirigeant les unions, empêche l'action unificatrice qui en résulte. Pour les plantes, il obtient un effet analogue par la culture, la greffe et la bouture. Par la culture, il crée artificiellement des différences de sol ou de milieu qui amènent de plus nombreuses variations. Par la greffe et la bouture, il conserve ces variétés. Au contraire, chez les races sauvages, le croisement libre unifie d'avantage; les influences de milieu ne sont pas accrues par l'intervention de l'homme, et leur liberté les porte tour à tour sur une plus grande variété de terrains.

On a fait beaucoup de recherches pour découvrir si la multiplicité et la grande variété de nos races de chiens sont sorties d'une « cinquantaine d'espèces » ou d'une seule, et dans ce dernier cas, quelle est cette espèce? On comprend maintenant que d'une race quelconque et même du chacal et du loup, elles peuvent toutes sortir par l'influence du sol et des milieux artificiels que l'homme procure à ces animaux.

Les éleveurs anglais et autres, s'étonnent qu'en prenant les mêmes soins matériels de sélection, les résultats obtenus par *ces mêmes moyens ne sont pas toujours les mêmes.* Qu'ils consultent la nature du sol sur lequel il font leurs élevages, et ils auront l'explication de ces différents résultats obtenus par les mêmes moyens. Si la nature du sol est favorable au but qu'ils se proposent, ils réussiront, si elle est contraire, ils échoueront.

Lorsqu'on nous dit que « la règle pour les croisements des races domestiques est précisément celle qu'*il n'y a point de règle quant aux résultats*, et qu'il en est de même pour l'homme [1] : » c'est dire implicitement que les résultats définitifs ne dépendent pas des races croisantes. Leurs tendances à retomber dans le type de la race locale, disent assez qu'ils dépendent du sol qui a déjà formé celle-ci.

Si les peuplades nomades, telles que les Bédouins, les Juifs, etc., ont quelque ressemblance entre elles et plus d'unité de

---

1. Pruner-Bey, *Bulletins de la Société d'anthropologie*, t. V, p. 106.

type que les populations dont chaque partie jouit exclusivement d'un même sol,
c'est parce que leur vie errante les porte
tour à tour les unes comme les autres sur
des terrains différents.

Les naturalistes ne pouvaient s'entendre sur le véritable sens du mot :
espèce; précisément parce qu'ils ne con-
naissaient pas comment elle était formée,
quelle était son origine. Pourtant en général, on voyait que la fécondité était un de
ses caractères; mais on distinguait surtout
l'espèce de la race, par cette circoustance
que les espèces sont nettement séparées les
unes des autres; tandis que les races offrent une série de degrés intermédiaires
qui les relient.

Maintenant que nous connaissons comment se forment les espèces, rien n'est plus
facile que de reconnaître pourquoi les
races ou variétés se relient par des degrés
insensibles; tandis que les espèces sont sé-

parées. Ainsi, la fécondité agissant entre les races, elle les relie nécessairement les unes aux autres par le croisement. Et, ne pouvant plus agir entre les espèces, elle ne saurait les relier par ce moyen. Les espèces, les unes par rapport aux autres, demeurent donc entièrement soumises au sol et aux autres actions secondaires qui qui les différencient.

Les naturalistes ont aussi éprouvé de grandes difficultés pour déterminer avec précision les espèces. Ils se sont souvent contredits et ont rencontré de nombreux cas d'indécision. Il n'y a pas à s'étonner de ces circonstances, puisque les espèces peuvent varier par l'action du sol et que certaines races se trouvent sur le point de devenir espèces; tandis que des espèces sont encore voisines des races dont elles sont issues. Mais à un moment et sur un sol donnés, l'espèce est facile à définir et à distinguer; elle comprend tout ce qui peut

procréer ensemble avec une fécondité
continue.

On a remarqué que d'une espèce à l'au
tre, on ne trouve jamais une suite d'êtres
gradués, que ces suites existent, au contraire, d'une race à l'autre, même dans les
espèces les plus profondément altérées.
Nous venons de voir que cet effet est le
résultat bien simple de cette circonstance :
Entre races, la fusion se fait par la fécondité, entre espèces, elle n'est plus possible.
D'où il suit que la distinction entre l'espèce et la race est fondée sur une faculté naturelle, que la distinction en genres
peut l'être si l'on borne son acception aux
espèces qui conservent la faculté de produire ensemble des êtres hybrides ; mais
que les distinctions de familles, classes,
ordres, etc., ne sont qu'artificielles ou tout
au moins qu'on ne peut les préciser rigoureusement, faute de connaître la descendance exacte de chaque espèce.

La paléontologie croit avoir constaté que les formes de la vie ont changé presque simultanément dans le monde entier; ce fait n'est pas exact. Du moment où la perfection des êtres dépend de celle du sol, il est évident que les faunes analogues des divers continents que l'on considère comme contemporaines ont dû se former plutôt sur le continent où dominent les terrains récents que sur celui où dominent les terrains anciens. En effet, si l'on examine ce qui se passe de nos jours, on peut avoir une idée de la distance qui les sépare.

Plusieurs observateurs compétents considèrent les produits actuels de l'Amérique du nord comme plus étroitement similaires à ceux de l'époque tertiaire d'Europe qu'à ceux de l'époque actuelle. L'Amérique laissant dominer les terrains anciens, l'Europe les plus récents, cela est tout à fait rationnel.

Parmi les premiers mammifères d'Europe, on voyait de nombreux marsupiaux qui ont dominé jusqu'à l'époque jurassique. Aujourd'hui on ne les trouve que dans l'Australie, où de nombreux terrains anciens et la plus grande difficulté d'isolement pour la formation d'espèces maintiennent des formes plus arriérées.

Les conifères, arbres verts et résineux qui ont anciennement dominé sur le globe, appartiennent actuellement à nos terrains les plus anciens de différentes régions. Les pins araucariens de l'époque jurassique ne se trouvent plus que dans les régions anciennes du Chili.

M. Oswald-Heer a fait la même remarque à l'égard de la flore de l'île de Madère, où dominent les roches primitives. Il la compare à la flore tertiaire d'Europe. D'où il suit que si les observateurs futurs voyaient ces diverses faunes à l'état fossile, ils pourraient commettre une erreur en ne les considérant pas comme contemporaines.

Toutefois, ces effets ne peuvent se produire que sur des continents séparés, et il ne faut pas les confondre avec ceux qui peuvent résulter d'espèces qui, une fois formées, se répandent dans différentes mers en communication ou dans divers pays dont le sol diffère. Ils doivent alors être considérés comme contemporains ou à peu près.

Pour juger de la contemporanéité des faunes, il faut donc avoir égard à la nature des terrains et aux possibilités de communication.

M. de Barrande a signalé ce fait paléontologique : « Des colonies d'espèces font tout à coup invasion au milieu d'une formation plus ancienne, puis cèdent de nouveau la place aux anciennes formes, » ou plutôt elles paraissent la céder; car ces colonies arrivant dans un milieu qui n'est pas le leur, doivent se transformer, et si leur type n'est pas essentiellement différent de celui qu'elles remplacent, elles doivent prendre les types des êtres dépossédés en subissant les mêmes influences. Ceci nous montre ce qui doit se passer lorsque des êtres contemporains s'emparent d'une région qui ne convient pas à leurs caractères.

Les trois grands faits suivants sont signalés par la science. Les êtres qui habitent la terre sont plus variables que ceux de la mer, et ceux des lacs d'eau douce, quoique offrant les types les plus anormaux, le sont encore moins que ces derniers.

La cause en est simple : les êtres de la terre sont soumis à des natures de sol très-différentes; ceux de la mer ne sont soumis qu'en partie à ces diverses natures de sol, l'eau étant plus particulièrement leur élément. En outre, ces différentes natures de sol sont mitigées par des couches de limon que répandent partout les eaux. Enfin il est plus difficile à une race de s'isoler pour devenir espèce.

Les êtres que nourrissent les lacs changent encore moins, parce qu'ils sont dans des conditions d'isolement encore plus difficiles, et de plus, assez généralement confinés sur un sol moins varié. Mais ces conditions étant plus particulières, ils offrent aussi des types d'autant plus anormaux qu'ils ont moins participé aux croisements avec les types qui résultent des conditions plus générales.

La mer offre un milieu moins changeant que la surface du sol modifiée par toutes les commotions géologiques. C'est ce qui explique pourquoi elle offre des persistances d'espèces beaucoup plus longues que les continents; ce qui constitue en quelque sorte une confirmation de la loi que nous développons.

Dans la mer, les espèces les plus étendues en hauteur, le sont aussi en surface. Elles ont en effet plus de facilités pour s'étendre; la moindre profondeur étant une barrière pour celles qui ne peuvent la franchir.

M. de Barrande a montré qu'il existe un étroit parallélisme entre les dépôts siluriens successifs de la Bohême et de la Scandinavie. M. Prestwich a fait la même observation à l'égard des dépôts éocènes de France et d'Angleterre. Lyell l'a faite aussi pour d'autres formations tertiaires. Le même accord règne lorsque l'on compare le nombre des espèces de même genre; cependant les espèces elles-mêmes diffèrent d'une manière difficile à expliquer.

Par suite de la manière dont nous avons décrit la formation des espèces qui résulte du groupement sous un type moyen des êtres qu'embrasse le croisement, on sentira que ce groupement a dû en partie se faire séparément pour les habitants de chacune de ces contrées, ce qui explique les différences entre les espèces, bien

qu'elles appartiennent à des terrains analogues.

Par la même raison, les paléontologues
doivent remarquer que lorsque les bassins
pour les animaux aquatiques, les continents pour les animaux terrestres, sont
plus fortement séparés, les faunes doivent
aussi être plus distinctes.

Les dépenses que font les gouvernements
comme les particuliers, pour les haras et
l'importation des races de tel pays dans tel
autre, ne doivent pas être calculées en vue
de l'obtention d'un résultat définitif qu'il
est le plus souvent impossible de réaliser;
mais seulement en vue d'une amélioration
temporaire, attendu qu'on ne peut conserver, sur un terrain donné, les races
propres à un autre terrain. Les résultats
se perdent avec le temps, et il faudrait
sans cesse renouveler les générateurs, si
on voulait leur donner une apparence
de fixité.

Lorsqu'il s'agit d'acclimater une espèce, on peut ne pas réussir; mais si le climat lui convient, si elle réussit, on a plus de chance d'obtenir une amélioration qu'une dégénérescence, les terrains de nos contrées étant généralement supérieurs à ceux des autres régions du globe.

Dans les expositions et les encouragements publics, faire concourir ensemble les races appartenant à diverses natures de sol, c'est induire les concurrents en erreur, c'est leur faire croire que par les mêmes soins ils peuvent obtenir les mêmes résultats; ce qui n'est pas.

A défaut d'autres données sur l'ancienneté de l'espèce, il y a probabilité que celles qui vivent principalement sur les terrains anciens doivent remonter à des temps plus reculés. Celles qui sont plus propres aux terrains récents, doivent être considérées comme les plus modernes.

Buffon, après avoir varié d'opinion sur la fixité de l'espèce, a fini par dire : « L'empreinte de chaque espèce est un type dont les principaux traits sont gravés en caractères ineffaçables et permanents à jamais; mais toutes les touches accessoires varient. »

Cette opinion, bien absolue pour un homme qui a varié, hésité, n'est vraie que pendant la durée de l'espèce ; encore faut-il avoir égard au faible progrès qui résulte de l'amélioration générale et continue de la surface du globe. A part cela, tant que le croisement maintient les caractères principaux, les diverses couches géologiques ne peuvent amener que des différences de détail.

Du moment où les êtres dépendent de l'état du sol, on peut, par la comparaison des autres planètes avec la terre, présumer celles qui sont habitées actuellement, en ayant égard à leur état de refroidissement, à leur masse et à leur rapprochement du soleil. Les planètes les plus petites doivent posséder présentement les êtres les plus avancés, leur sol s'étant élaboré depuis plus longtemps. Toutefois il faut faire exception pour les astres qui, à titre de satellites, comme la lune, par exemple, n'ont pas d'atmosphère ; l'air et l'eau que rien n'accuse sur ces astres étant des éléments indispensables à la manifestation de la vie, il est probable qu'elle n'a pu s'y développer, ou bien alors elle produirait des êtres dont rien ne pourrait nous donner une idée.

Ainsi que nous le montre l'analyse de la lumière solaire, les aérolithes et l'unité du milieu éthéré qui a dû donner les astres, ils paraissent devoir être formés à très-peu près des mêmes éléments sidéraux. Les êtres qu'ils produisent doivent par cela même avoir une grande analogie, lorsque ces astres se trouvent à peu près dans les mêmes conditions. Les faunes présentes et passées

de la terre, celles de l'Australie, de l'A-
frique ou de l'Amérique du Sud, qui sont
fortement séparées, peuvent donner une
idée des différences qui doivent exister
entre les animaux des planètes et ceux de
la terre, selon l'époque géologique dans
laquelle se trouvent ces astres. Toutefois,
certaines modifications particulières à chaque planète, doivent résulter de la hauteur
d'atmosphère et de la pesanteur qui se manifeste à la surface de chacune d'elles.
Pourtant les êtres qui vivent dans l'air, ou
dans l'océan jusqu'à 4560 mètres de profondeur, c'est-à-dire sous une pression de
450 atmosphères environ, nous montrent
que l'équilibre des pressions de milieu ne
laisse pas à cette action tout l'effet qu'elle
semble devoir produire.

Quant à la pesanteur, c'est une erreur
de croire que pour l'être placé à la surface
d'un astre, elle soit proportionnelle à la
masse de cet astre, puisque l'attraction
décroît en raison inverse du carré des dis-

tances, ce que nous indiquent très-positi-
vement les expériences électriques et ma-
gnétiques. Il n'y a que la résultante de la
fraction du globe la plus rapprochée de
l'être, qui exerce une influence réellement
sensible sur lui. Le surplus doit avoir infiniment moins d'influence. Ainsi, quelle
que soit l'étendue du globe, il n'y aura
toujours qu'une masse hémisphérique d'un
certain rayon et dont l'être forme le centre,
qui aura une action réellement puissante
sur lui, fraction qui est d'autant plus indé-·
pendante de l'étendue du globe, que les par·
ties horizontales se neutralisent à peu près

Les planètes les plus grosses devant employer plus de temps dans leurs évolutions,
leurs transformations ne doivent se trouver
que plus tard en état de donner des êtres
aussi parfaits. Mais leurs phases étant plus
longues, ces êtres devront par cela même
atteindre un plus haut degré de perfection.

Dans les îles éloignées des continents,

telles que dans l'Océan austral, l'Atlantique américain, la faune est monotone, peu variée en espèces et rappelle souvent celle d'époques géologiques antérieures des continents.

Deux causes produisent ce résultat. Le sol des îles étant formé par des sommets qui appartiennent le plus souvent aux terrains anciens, il produit une faune plus arriérée. En outre, du peu d'étendue des îles résulte la difficulté d'isolement prolongé d'un groupe d'êtres qui seul peut donner une espèce nouvelle. Certains archipels font exception, parce qu'une espèce peut se former sur l'une des îles et se répandre ensuite accidentellement sur d'autres.

On a remarqué que les plus grands animaux habitaient aussi les plus grands continents. Du moment où les plus grands continents offrent plus de facilités pour la formation des espèces, il doit en résulter aussi plus de variétés. Et le sol plus favorable des vastes continents laissant plus de chance aux grands animaux pour s'y maintenir et s'y développer, on comprend qu'il en soit ainsi.

Les différentes races d'une espèce présentent de moins grands écarts de types, aux premières époques géologiques que de nos jours, parce que les terrains étaient moins variés, moins différents. Par la même raison, les espèces sont aussi moins nombreuses. Ainsi, à l'époque houillère, le même terrain couvrant le globe à peu près dans son entier, la végétation devait présenter et présentait en effet une grande uniformité.

Nous donnons d'autre part, page 272$^{bis}$ ci-devant, un tableau qui montre la marche de la transformation et de la succession des espèces. Il indique la manière de représenter graphiquement cette succession dans son ensemble en affectant une subdivision distincte à chacun des principaux embranchements des règnes. Comme on le voit, ce tableau généalogique demande des recherches considérables pour être précisé ou seulement pour être mis au courant de la science, en y indiquant le nombre des espèces, genres, etc., tels que nous les connaissons. Cette figure en attendant donne une idée de la marche générale des transformations et des successions d'espèce.

# XVII.

## ÉCLAIRCISSEMENTS HISTORIQUES.

Un des résultats importants de nos découvertes, c'est de dégager l'histoire d'une
foule de prétendues parentés de peuples
par filiations et par croisements que l'on
établit sans autres données qu'une certaine ressemblance de types. D'autre part,
elles expliquent un grand nombre de
faits historiques et linguistiques que des
changements survenus dans les types des

peuples émigrants rendaient incompréhensibles.

En effet, un des problèmes les plus fréquents et que l'on considérait en même temps comme étant des plus difficiles que présente l'ethnologie, consiste dans une grande similitude de langue, jointe à une grande différence de caractère physique.

A propos des peuples africains dont nous avons parlé, cette difficulté s'est présentée à M. d'Eichthal dans son étude des peuples et des langues du Soudan et particulièrement à l'égard des Fout.

A la Société d'anthropologie se sont engagés de vifs débats qu'un mot pouvait éclaircir.

La découverte des langues de l'Inde, faite au siècle dernier par MM. W. Jones et Anquetil-Duperron, a fait reconnaître leur parenté avec tous les idiomes de l'Europe, sauf le basque, le finois, le madgyar et le turc, avec le zend et le sanscrit qui, eux-mêmes, dérivent d'une langue primitive. Cette parenté de langues a fait considérer les peuples d'Europe comme originaires de l'Asie. En même temps, ces Asiatiques auraient importé leur civilisation, leur religion et leurs lois.

Mais un savant belge, M. d'Omalius d'Halloy, s'est élévé contre ces conclusions. Il oppose ce fait, qu'aussi loin que l'on peut remonter le cours des âges, on trouve l'Europe habitée par des peuples semblables à ceux qui l'habitent de nos jours, ce qui doit être, en effet, à peu près pour ce laps de temps relativement peu étendu; et il signale l'impossibilité de retrouver aujourd'hui, en Asie, des peuples aux yeux bleus et aux cheveux blonds qui seraient la souche de ces Européens. M. Broca appuie cette conclusion, en faisant remarquer que les faits contemporains qui relèvent de l'anatomie et les différents caractères des races européennes excluent l'idée de l'unité d'origine. En se fondant sur une prétendue invariabilité de type, on ne peut moins faire que d'arriver à cette conclusion erronée : s'il y a eu émigration, elle ne peut avoir été que peu considérable, même nulle ou presque nulle.

A ces objections, aucune réponse satisfaisante n'a été faite; mais nos lois viennent nous dire qu'en présence de la transformation par l'action du sol, elles sont sans valeur.

M. d'Omalius croit que ces langues peuvent avoir été importées aussi bien d'Europe en Asie que d'Asie en Europe. Ici le doute renaît; mais, d'une part, le pays qui contient le sol et les conditions les plus favorables au développement de l'homme, et de l'autre, le mouvement général des migrations que nous avons signalé, vont de nouveau nous servir de guide.

Sont-ce les terrains récents de l'Orient, sont-ce ceux de l'Occident qui sont les plus favorables au développement de l'homme?

M. d'Omalius signale parmi les preuves

de l'existence en Europe d'une race d'hommes antérieure aux conquérants aryens, les tombeaux de *l'âge de pierre*, dans lesquels on ne trouve aucun objet en métal. Ces tombeaux se trouvent partout, sauf en Allemagne, où jusqu'à présent on a toujours le fer associé aux objets en pierre.

En conséquence, M. d'Omalius fait de l'Allemagne le berceau de la race qui propagea la civilisation à une époque extrêmement reculée.

S'il ne s'agissait que d'une antiquité de quelques milliers d'années, M. d'Omalius pourrait avoir raison; car l'Allemagne du nord, avec ses terrains récents, a dû être dès les temps antéhistoriques un pays très-favorable au développement de l'homme; mais si l'on remonte jusqu'à l'époque pliocène à laquelle les découvertes récentes paraissent faire remonter le développement de l'espèce humaine, si ce n'est au delà, l'Allemagne devait être submergée ou probablement encore un pays trop peu sain pour l'homme qui, d'ailleurs, n'était pas encore aussi bien qu'aujourd'hui en état de braver ses intempéries. De plus, l'Allemagne ne remplit pas les conditions d'isolement nécessaires à la formation d'espèces nouvelles.

D'un autre côté, si l'Orient a vu se développer l'homme, ce pays a dû être aussi favorable à la formation d'autres espèces. En effet, d'après M. Geoffroy-Saint-Hilaire, sur quarante espèces d'animaux domestiques, trente-cinq sont aujourd'hui cosmopolites ; mais toutes seraient originaires de l'Asie centrale. Le chien seul se voyait en Europe à l'époque dite âge de pierre. C'est donc en Orient qu'il faut chercher le lieu de l'apparition de l'homme, et non en Allemagne comme le voudrait M. d'Omalius d'Halloy.

Après ce coup d'œil jeté aux temps les plus reculés de l'origine de l'homme, arrivons aux temps historiques et en quelque sorte contemporains. Le seul énoncé des principes sur lesquels on se fonde, va nous montrer quelle extrême confusion il doit en résulter.

« Trois ou quatre types principaux, dit-on, ont donné naissance à la répartition actuelle des peuples : le type blanc, le type noir, le type jaune et le type rouge. Il est impossible de déterminer toutes les variétés sorties des mélanges (par croisements) sans nombre opérés entre ces races primordiales. »

Ainsi le caractère le plus secondaire est pris pour point de départ et le croisement qui unifie, est considéré comme la cause qui diversifie au moyen de types extrêmes que la nature aurait dû donner primitivement, ce qui est en tout point contraire à ses lois. C'est assez dire quelle épouvantable confusion doit résulter de ce point de départ. L'extrême fausseté de cette base nous dispenserait seule de suivre les développements que l'on donne à ce sujet.

Pourtant il ne faut pas croire que de nombreux faits contraires à cette théorie, n'en soient venus troubler la sérénité. La teinte, dit le docteur Livingstone, varie non-seulement en raison des croisements, mais aussi du climat et de l'exposition. «Les Achantis, disent d'autres voyageurs, quoique noirs et enveloppés de nègres, ont des traits qui rappellent le type caucasique. *A ces formes plus régulières, répond un développement moral prononcé....* Plus au sud, loin à l'intérieur se trouvent les Aschira, *superbes noirs très-intelligents....* Près des habitants du Dahomey plongé dans une assez grande barbarie se placent les *Yebous*, les *Mahis*, peuples assez civilisés qui s'adonnent à l'agriculture, à l'industrie; ils ont aussi un type plus favorisé.

M. A. Maury sent si bien l'insuffisance de la théorie des croisements comme source des changements, que bien qu'il se borne souvent à lui attribuer ce rôle ex-

clusif, il dit en parlant des Égypto–Berbères. « On reconnaît dans cette race, le
mélange des sangs noir et sémitique, ou
plutôt les influences qui ont transformé en
nègres les populations émigrées de l'Asie
occidentale en Afrique. »

L'histoire des peuples de l'Europe comme celle des autres pays, est pleine de ces
prétendues origines attribuées aux croisements, aux filiations de tels ou tels peuples, fondées sur les rapports des types ;
lorsque toute autre base fait défaut elles sont
facilement acceptées. Mais les cas les plus
curieux, sont ceux dont nous avons déjà
parlé, ceux pour lesquels une donnée historique ou linguistique vient contredire
les rapports de types. Il est curieux, dis-je,
de voir comment les savants, les ethnolo-
gues cherchent alors à amoindrir l'importance des émigrants ou des conquérants
qui se seraient fondus dans le type local
ou qui auraient été absorbés par lui
en vertu d'une certaine « puissance d'ab-

sorption que posséderaient les peuples établis. »

On comprend qu'il nous est impossible d'examiner ici tous les faits de ce genre qui se présentent; nous ne pouvons que renvoyer les historiens aux documents géologiques.

Bornons-nous à quelques remarques générales relatives aux populations de la France, dont les données géologiques sont plus à notre portée et nous intéressent davantage.

Les professeurs et autres savants qui enseignent aux peuples leur origine, en France comme ailleurs, ne possèdent assez généralement sur ce sujet que des données historiques incertaines; de sorte qu'ils sont le plus souvent obligés de juger des filiations par les types. Parfois ce principe les entraîne à modifier ou à changer au moyen des ressemblances de types, ces données historiques lorsqu'elles ne sont pas absolument explicites. Il résulte de là un fait

des plus curieux, c'est que les populations
que l'on groupe ainsi ensemble répondent
généralement aux grands traits de nos divisions géologiques; de sorte que, sauf les
modifications qui résultent de quelques
données de filiations plus positives et de
quelques localités plus exposées aux croisements, les cours d'histoire naturelle des
populations deviennent ceux des influences
géologiques.

Pour connaître plus en détail ces cu-
rieuses aberrations, il suffit d'examiner la
plupart des publications relatives à ce sujet
ou les comptes rendus des cours professés
de nos jours. On y verra comment on iden-
tifie les Bretons aux Araméens–Basques,
bien que leur langue les rattache aux
Gallo-Kyrmis, comment on veut que les
populations du Languedoc et de la Pro-
vence aient reçu le type des Romains parce
qu'ils occupent un même mélange de sol,
crétacé, tertiaire et granitique, tandis que
dans l'Autunois (Bibracte romaine) dont le

sol est ancien, ces Romains n'auraient laissé que des Morvandeaux, comment les habitants des diverses provinces qui occupent un même mélange de terrains sout réunis à cause de leur similitude de types.

Ainsi se trouvent groupées les différentes régions primitives de la France qui produisent nécessairement un même type. L'explication qu'on en donne montre assez l'insuffisance des causes que l'on évoque.

« Les Araméens-Basques, dit-on, aux yeux et aux cheveux noirs, qui avaient les premiers occupé une grande partie du territoire français, se sont maintenus purs de tout mélange dans les Pyrénées, où jamais les Aryas-Gaulois aux yeux bleus et aux cheveux blonds n'ont pénétré. Ailleurs, ils sontdétruits. Mais dans les pays *d'accès difficile*, comme les noyaux granitiques de France, ils ont pu résister à l'invasion ; et ils s'y sont mélangés plus ou moins avec les nouveaux venus. De là cette diversité de constitution *tantôt aryane, tantôt ara-*

*méenne* que l'on observe dans ces provinces. »

Certes voilà un curieux hasard des conquêtes, qui sait reconnaître et circonscrire
exactement les formations géologiques anciennes, qui aurait *épargné certains pays,
plateaux et autres régions primitives
parfaitement accessibles, qui pourtant
atteint fort bien les montagnes moins anciennes d'un accès plus difficile.* Mais
d'abord dites-nous donc où ces Aryas auraient pris des yeux bleus et des cheveux
blonds, pour les apporter en Europe, en
France, puisqu'il n'en existe pas dans leur
patrie asiatique originelle?

Pourtant, lorsque les faits historiques
sont suffisamment positifs, on est bien forcé
de reconnaître que « des Kymris, Wisi-
goths, ayant à lutter contre le climat (c'est
l'influence généralement, et je dirais presque exclusivement admise) et le fond de
la population ont été fortement méridiona-
lisés, » que « des Araméens furent kym-

risés à l'est, gaélisés au nord, que les montagnards sont souvent pauvres, ignorants, arriérés, superstitieux. »

Rien cependant ne saurait mieux démontrer l'erreur dans laquelle on tombe, que les dificultés que l'on rencontre le plus souvent pour concilier les données historiques ou linguistiques avec les prétendues ressemblances de types par filiations.

César nous fait connaître des migrations intéressantes sous un double rapport : « Il fut un temps, dit-il[1], où les Gaulois surpassaient les Germains en courage, portaient la guerre hors de leurs frontières, et *à raison de leurs populations surabondantes et du manque de terre, envoyaient des colonies* au delà du Rhin. » Il continue en disant que les Gaulois Volces Tectosages (des environs de Toulouse), se fixèrent dans les parties fertiles qui en-

---

1. *De bello Gallico*, lib. VI, cap. XXIV.

tourent la forêt Hercynie (forêt Noire) ; mais on voit que par *parties fertiles*, il faut entendre un pays qui n'est pas généralement productif ; car il dit d'autre part : « Depuis son invasion, cette nation s'est maintenue à la même place, *jouit d'une grande réputation militaire* et se trouve *à présent dans la même disette, pénurie et souffrance que les Germains eux-mêmes, dont elle partage toutes les habitudes quant à la nourriture et aux vêtements.* »

Les terrains généralement permiens de cette région nous apprennent en effet que cette nation avait considérablement perdu en quittant, malgré sa vaillance, les terrains tertiaires de Toulouse, et qu'une nécessité, une surabondance de populations, pouvaient seules avoir causé cette migration.

Tacite, de son côté, nous apprend[1] que

1. *De moribus Germaniæ*, cap. II.

des Helvètes (peuple suisse) se répandirent également entre la forêt Hercynie, le Mein et le Rhin, et que plus loin (en Bohème), se répandirent les Boïens, qui donnèrent leur nom à ce pays et paraissent sortir des contrées situées à l'ouest d'Auxerre.

Par la seule description de César, on sent parfaitement des conditions qui devaient amener la dégénérescence des Volces Tectosages. Les Boïens ne s'établirent très-probablement dans la Bohème aux terrains primitifs et siluriens, que parce qu'ils trouvèrent au nord un peuple plus intelligent, plus compacte, et par suite une résistance trop vive. Ils durent donc dégénérer beaucoup sur un sol semblable.

Aujourd'hui le type de ce peuple est tel, que les historiens ne croient pas pouvoir le considérer comme descendant seulement des populations gauloises les plus arriérées; ils ajoutent qu'il ne peut s'expliquer que par un mélange avec les Slaves. Bien entendu il suffit d'une action du sol participant des influences qui donnent le type slave pour produire ces caractères.

Les auteurs anciens ont fait de même. Tacite nous apprend que les Tongriens (Tongres et Brabant) étaient les premiers Germains qui eussent franchi le Rhin. Quant aux Trévires (Trèves) et aux Nerviens (Hainaut) qui se vantent d'une origine germanique, leur prétention, dit l'historien, était d'autant moins fondée que *par leurs traits* physiques comme *par leur caractère moral*, ces peuples étaient semblables aux autres Gaulois.

Ainsi, parce que les habitants du Brabant jusqu'à Tongres ont conservé leur type en retrouvant un même sol récent, ils sont reconnus comme Germains. Mais les habitants de Trèves et du Hainaut, ayant été transformés par une notable partie de terrains paléozoïques et houillers que contiennent ces régions, l'historien refuse de les croire.

C'est ainsi qu'a été écrite l'histoire ancienne et moderne.

Lorsque j'ai présenté mes mémoires à l'Académie, j'ai suivi les indications géologiques et zoologiques sans m'inquiéter des opinions diverses. M. d'Omalius d'Halloy a compris que cette nouvelle voie était contraire à sa doctrine dont nous venons de parler et en fait le prétexte d'une communication à l'Académie des sciences (t. LIX, page 931, des comptes rendus). D'abord ce savant rattache son argumentation à la couleur des peuples et à quelques observations que j'ai faites avant d'avoir découvert les lois qui me guident. On a vu, au contraire, que j'écartais la couleur pour me rattacher aux types. D'ailleurs, la réponse à ces remarques se trouvant implicitement contenue dans ce livre, il n'y a pas lieu de m'occuper spécialement ici de cette première partie de son travail, bien qu'elle me semble laisser beaucoup à redire. Quant à la partie importante du sujet, c'est à peine s'il l'aborde en disant que si les nègres, comme quelques autres peuples arriérés, se trouvent dans les régions montagneuses, c'est qu'ils ont dû s'y retirer pour conserver leur indépendance. J'avais moi-même exprimé cette pensée en cherchant à pénétrer la cause de tant de faits semblables. Mais j'ai dû y renoncer en reconnaissant que beaucoup de régions primitives sont très-accessibles et qu'elles n'en comportent pas moins des types arriérés, tandis que beaucoup d'autres régions montagneuses moins accessibles, mais de formation plus récente, comportent de beaux types. Par exemple, dans l'Afrique australe, il ne s'agit plus de nègres ayant à se défendre contre des peuples de race supérieure ; cependant, nous voyons le même effet. Livingstone signale le type très-déformé des Bechouana qui habitent un plateau parfaitement accessible où il voyage en chariot, mais où dominent les terrains siluriens. En remontant vers l'équateur, il rencontre des terrains plus récents, plus fertiles et en même temps des types bien supérieurs.

D'ailleurs, ce n'est pas seulement à un ou deux exemples que je m'en réfère, mais à une infinité de faits pris dans toutes les parties du monde. Et devant tant d'exemples, il est évident que l'incertitude que peuvent présenter quelques cas n'a plus de valeur. Pourtant le vénérable M. d'Omalius d'Halloy, après s'être notablement étendu sur des détails accessoires qui sont même en dehors des bases du principe que je développe, croit « inutile de suivre M. Trémaux dans les autres exemples qu'il cite à l'appui de ses opinions. » Je dois croire aussi que M. d'Omalius d'Halloy sentant le terrain lui échapper, ou ce travail trop ingrat pour son point de vue, juge à propos de s'en tirer de la sorte. Néanmoins je le prierai de remarquer que ce qu'il dit du crétinisme, croyant me contredire, rentre tout à fait dans ce que j'en ai dit moi-même. En outre, il semble par trop confondre les émigrations en masse de l'ancien temps, comme nous en voyons encore aujourd'hui chez les peuples arriérés et sans établissement, avec les guerres de tactique moderne où le moindre bataillon muni d'armes à feu ferait fuir toute une population qui en serait privée. Guerres de gouvernements plutôt que celles de peuples qui n'ont point la moindre envie de se dépayser, d'abandonner leurs foyers, leurs établissements, leur bien-être, en un mot la civilisation moderne qui fixe au sol.

Oui, M. d'Omalius d'Halloy confond ces deux ordres de faits pourtant si distincts. Eh! d'ailleurs, comment pourrait-il faire autrement, puisqu'il n'a d'autres moyens d'expliquer les changements survenus. Voici par suite comment il est obligé d'interpréter le résultat des migrations anciennes et des transformations qui en sont résultées. « Je dirai qu'il est arrivé à ces Égyptiens ce qu'il est arrivé aux Francs, aux Bourguignons, aux Lombards qui *ont donné leurs noms* aux peuples qu'ils ont conquis, mais qu'ils se sont fondus dans ces derniers, car *on ne peut pas considérer les Français, les Bourguignons et les Lombards d'aujourd'hui comme étant des Germains.* » Si l'on s'en réfère aux types, cela est évident. On ne peut les confondre, puisqu'ils sont complétement changés.

On pourrait allonger considérablement la liste de ces peuples émigrants assez puissants, assez nombreux pour en déposséder d'autres de leurs territoires et s'y installer. Et il faut que la difficulté d'expliquer les changements survenus ait été bien grande pour qu'on ait recouru à une telle interprétation. D'ailleurs, il resterait encore à expliquer pourquoi les Francs, les Bourguignons, les Lombards, les Germains, etc., n'ont pas un type analogue et n'ont pas même laissé la trace de leurs mélanges.

D'où cette conclusion forcée, selon les principes de M. d'Omalius et de son école, que les peuples assez puissants pour en déposséder d'autres et s'installer à leur place, ne font que leur *donner leurs noms* et se *fondre*, disparaître, s'anéantir ensuite. De telles conclusions devraient seules nous dispenser de multiplier nos exemples pour démontrer la transformation.

A la suite de M. d'Omalius d'Halloy, M. de Khanikof est venu ajouter (page 1029) quelques détails « relatifs à l'influence des croisements. » Nous pourrions simplement répondre que nul plus que nous, ne reconnaît la puissance immédiate de cette influence ; mais ces détails nous seront utiles ; jetons-y un coup d'œil.

De la communication de M. de Khanikof il résulte : que les Tartares de l'orient et de l'occident ont des types très-différents, quoiqu'étant de même origine ; que

MM. Prichard et de Baer ont cherché en
vain la cause de ces différences, bien qu'ils
aient cru devoir l'attribuer à des nourritures
spéciales. Mais dit M. de Khanikof : « Les
tribus turques nomades de la Transcau-
casie et de l'Aderbeidjan ne diffèrent en
rien de leurs compatriotes établis dans
les villes et les villages, tout en se nourrissant principalement de laitage et de
viande. Ainsi il est impossible de chercher
la cause de cette transformation dans les
différents modes d'alimentation des races
qui la subissent. » Ici nous sommes à peu
près d'accord avec M. de Khanikof. En effet, les différences de types dépendant de la
nature du sol, la nourriture n'est en somme
qu'un moyen différent, varié, de transmettre cette même influence.

Ensuite M. de Khanikof remarque que
les peuples d'origine touranienne ont varié de toutes parts en tendant à prendre
un type analogue à celui des peuples qui
habitaient déjà les régions où ils se répan-

daient. Rien encore ne saurait être plus
juste puisqu'en venant habiter sur le même
sol, ils doivent prendre le type qui lui est
propre. Mais, comme tout homme qui ne
s'est rendu compte que des effets de croisements, les seuls qui frappent l'observateur superficiel, il *pense* qu'il est le principal agent de ces modifications; par suite
il *pense* également que la nature du sol
n'y est pour rien. Comme pour toutes ces
subdivisions touraniennes, il ne donne aucune preuve de croisement, ni aucune indication géologique, on le conçoit parfaitement, cet article n'est pas une critique.

Mais, à défaut de critique, M. de Khanikof constate que dans le Turkestan
même, les types varient selon les régions,
et que, même au centre de la région qu'il
considère comme offrant le vrai type
de la race, il faut exclure les Khiviens.
Remarquons que rien ne l'autorise à considérer telle ou telle variété comme offrant
le vrai type du Turkestan et que si l'une

d'elles devait être considérée comme offrant ce type, ce serait assurément la belle et féconde race qui habite les bords de l'Oxus, aujourd'hui Amou-Daria, dans l'ancienne Bactriane, région qui par son extrême fécondité sous tous les rapports a fourni aux émigrations qui se sont répandues dans diverses directions.

Un seul fait pris dans le bassin du Volga semble contraire à l'influence du sol. C'est que, selon M. de Khanikof : « Les Bachkirs (Baskirs) nomades et fixes, ressemblent beaucoup aux Hongrois, et n'ont presque rien du Monghol dans leur extérieur, » bien que vivant sur les mêmes terrains que les Moscovites et entourés par eux. Ce fait lui montre d'abord que les croisements dont l'action est immédiate ne se produisent pas toujours comme il le pense. Mais voici le grand point qui paraît échapper complétement à M. de Khanikof. C'est que ces Baskirs sont originaires des bords de l'Oxus, régions dont le sol est ex-

trêmement favorable, et qu'avant de pénétrer dans le pays où ils sont fixés depuis
peu de temps, ils ont encore vécu sur les
régions tertiaires et quaternaires qui abou-
tissent au sud du lieu qu'ils habitent.

Donc M. de Khanikof peut reconnaître
en même temps que le croisement n'a pas
toujours lieu et n'est pas aussi constant
qu'il le pense, et que si les Baskirs ont encore de la ressemblance avec les Hongrois, quoiqu'ayant une origine différente
et n'ayant jamais pu se croiser, c'est qu'ils
doivent nécessairement ce type aux régions
géologiques analogues, tertiaires, quaternaires que ces deux peuples ont habitées.
Le commencement de transformation qu'accusent les Baskirs est en effet l'état où ils
doivent se trouver.

Tous ces faits tendent donc à confirmer
ce que d'autres données indiquent d'une
manière très-positive. D'ailleurs, en admettant l'action des croisements comme
seule cause modificatrice, il resterait en-

tièrement à expliquer pourquoi chaque région a ses types propres et pourquoi les
nouveaux venus finissent par prendre
complétement le même type que les anciens habitants au lieu de conserver la
plus grande part de celui qu'ils y ont apporté. Certes il y a là de quoi dérouter
non-seulement la science de M. d'Omalius;
mais celle des Baer, de Khanikof, etc.

Avec les seules actions du croisement,
de la nourriture et du climat, on rencontre des contradictions à chaque pas. Avec
l'action du sol, le globe entier nous montre les mêmes effets. Du reste rien n'est
plus variable que les croisements qui
ont ou qui n'ont pas lieu, selon les circonstances. M. de Khanikof ne peut en
donner ni n'en donne en effet, pour les
Tartares, aucune preuve; tandis que rien
n'est plus certain que les différences de
sol. La géologie donne raison de tout.
Nous pouvons nous en assurer même en
appliquant nos connaissances géologiques

quoique incomplètes, au mémoire qui nous occupe.

« Nous voyons ainsi, continue M. de Khanikof, que les Turcs n'ont gardé les qualités caractéristiques de leur race que dans les pays où ils étaient isolés de toute influence étrangère, » (c'est-à-dire sur des terrains très-récents, sablonneux et qui ne paraissent pas encore suffisamment élaborés par la végétation, terrains que les mers d'Aral et Caspienne ont abandonnés récemment, et qui, au contraire, n'ont pu que postérieurement nourrir une race dans le Turkestan. En outre, ce qui contredit le plus nettement le narrateur, c'est que de ces régions isolées, il faudrait sortir le cœur même, c'est-à-dire les Khiviens.) « Nous rencontrons des variations du type primitif » (c'est-à-dire, du type qu'il suppose tel) « dans la vallée du Volga » (terrains : quaternaire au sud, triasique et crétacé plus au nord) ; « sur la côte occidentale de la mer Caspienne, en Asie mineure » (terrains : primitif, volcanique, crétacé, etc.); « dans la plaine de Boukara et de Samarcande » (sol récent, fortement élaboré par une belle végétation, tellement fécond qu'il rapporte cent pour un de semence). En un mot, partout où les documents géologiques sont indiqués, ils donnent la raison des modifications survenues.

Pourquoi des critiques si peu fondées ? Un ami sagace m'en a donné le secret. Ses observations me rappelèrent les passages suivants de mes mémoires reproduits dans ce livre et qui durent éveiller l'attention de M. de Khanikof : « Les terrains de la Russie étant généralement anciens, ses populations sont aussi médiocrement partagées.... Hors des grandes lois de la nature, les projets des hommes ne sont que calamités ; témoin les efforts des czars pour faire du peuple polonais des Moscovites. » Ainsi, il ne suffit pas de découvrir de grandes lois, propres à guider l'humanité tout entière, propres à éviter des barbaries inutiles, il faudrait encore que ces lois justifiassent les vues et les actes de chacun; sans quoi on cherchera à frapper d'oubli ou de discrédit le téméraire qui ose dire la vérité. On le combat sournoisement sous ce titre vraiment fort intéressant : Observations de M. de Khanikof « *à l'occasion d'une communication récente de M. d'Omalius d'Halloy.* »

Vous osez, me dit-on d'autre part, vous osez développer un principe avec lequel vous ne trouverez aucune école dont la communauté d'idées vous soutienne, avec lequel vous trouverez chaque homme de science ayant émis des vues différentes, chaque professeur enseignant autre chose? système où la grande majorité du public se trouvera froissée dans son *sol* natal, la plupart des gouvernements dans leurs provinces, chaque culte dans ses traditions, notre orgueil même dans ses prétentions? Hélas! oui, j'y ai songé; il y a de quoi effrayer si l'on ne compte davantage sur la raison humaine. Mais j'ai songé aussi à l'immense intérêt qu'a l'humanité à se connaître elle-même, à prévoir ses destinées, son avenir ! intérêts incalculables que depuis tant de siècles la science cherche en vain à dévoiler.

Si *avec le ciel il est des accommodements*, il faut espérer que les hommes voudront bien suivre la même maxime. Pour ouvrir une belle voie, il faut déranger l'ancienne ; mais le trouble n'est que passager, le bienfait perpétuel. Et quelle voie plus belle en effet que celle qui montre à l'humanité, au lieu d'une perspective monotone, bornée, immuable, un avenir d'autant plus beau, plus élevé, que le passé a été plus infime !... Oui, j'y ai songé, et je me suis dit sans hésiter : *Fais ce que dois, advienne que pourra !*

XVIII

ÉCLAIRCISSEMENTS POLITIQUES.

Nous avons vu sous notre titre iv, qu'en France, comme ailleurs, les populations sont groupées par affinité de races, lesquelles dépendent de la nature du sol, sauf les modifications que peuvent amener des croisements plus ou moins nombreux.

Cette disposition n'est pas due aux caprices des gouvernements, ni au hasard des conquêtes; car elle a survécu à de nom-

breuses modifications politiques et se dessine encore actuellement malgré toutes
les causes, toutes les découvertes modernes
qui tendent à unifier les peuples.

Ces différentes affinités de populations
ont naturellement des tendances spéciales,
et il n'est pas difficile de distinguer celles
qui sont propres aux terrains anciens, de
celles qui conviennent aux terrains modernes. Les peuples des terrains anciens,
religieux, superstitieux, attachés à leur
pays, à leurs habitudes, ont une tendance
à confier le gouvernement aux soins exclusifs d'un souverain; ceux des terrains récents, industrieux, intelligents, indépen-
dants, préfèrent participer eux-mêmes aux
affaires publiques par leurs votes et leurs
représentants. Si l'on veut des exemples,
on peut citer la Bretagne, qui est le pays
le plus ancien de la France et dont on
connaît les efforts tentés pour conserver
l'ancien régime du gouvernement absolu.
Dans les grandes villes qui présentent

assez généralement des aptitudes opposées.
il ne faut pas seulement considérer comme
cause la concentration d'hommes ayant
des aptitudes plus spéciales et les influences mutuelles ; si d'un côté l'agglo-
mération a ses inconvénients hygiéni-
ques, de l'autre les grandes cités sont
généralement situées sur les terrains les
plus favorables de chaque contrée, et
lorsque rarement il n'en est pas ainsi, c'est
que des rivières ou d'autres moyens de
communications facilitent l'arrivée des
produits de contrées qui remplissent ces
conditions, ou qu'une position géographique importante a motivé le choix de
l'emplacement. Nous pouvons prendre
au centre de la France et dans le même
département des régions contiguës qui
attestent dans leur ensemble les mêmes
tendances spéciales. Ainsi, dans le département de Saône-et-Loire, chacun a pu
remarquer combien les votes et les actions de l'arrondissement de Châlon, situé

sur des terrains récents, diffèrent de ceux de l'arrondissement d'Autun, où dominent les terrains anciens.

Aussi, lorsque les populations de certaines localités voient les tendances générales qui les entourent, et qu'elles trouvent dans l'urne un résultat contraire à leurs vues, elles en sont fort surprises, et ne comprennent guère que d'autres populations puissent penser autrement.

Pourtant il est évident qu'il ne peut y avoir autant de gouvernements que de terrains différents et voisins dont les tendances sont d'ailleurs fortement mitigées par les croisements plus faciles. Dès lors il faut bien se résigner à subir la tendance moyenne.

Les grandes surfaces où dominent les mêmes terrains, peuvent seules aspirer à se constituer un gouvernement particulier. Si même les démarcations géologiques sont grandement dessinées, elles deviennent impérieuses, et sont les seules véritables limites des législations ou des gouvernements qui doivent les régir.

L'importance de ces limites géologiques croît en raison de la plus grande étendue ou de la plus grande différence d'âge des terrains; elle diminue avec leur rapprochement d'âge ou leurs fréquentes divisions. Cette dernière condition finit même par devenir un avantage, en raison du mélange et de la variété des produits, des types, des aptitudes diverses propres à tous les besoins et des croisements fréquents de types qui sont aussi une condition favorable.

Les frontières naturelles sont une bonne condition pour les États, non-seulement par la sécurité qu'elles procurent, mais aussi parce qu'elles ont une tendance à amener une plus grande unité de types en favorisant les croisements dans les limites de l'État. Il en est de même de l'unité de langue, qui, en outre des liaisons réciproques qu'elle facilite, est aussi une condition qui favorise les croisements. En effet, on ne comprendrait guère l'union de deux personnes parlant des langues différentes.

Parmi les conditions secondaires qui favorisent les États, il faut aussi compter les progrès de l'industrie. A condition géologique égale, l'homme progressera plutôt sous un climat tempéré. S'il est trop chaud malgré la richesse du sol, il progressera moins. L'homme habitant un pays riche où la nature lui met généreusement des fruits sous la main en toute saison, et ne l'oblige à user d'aucun vêtement, s'abandonne facilement au repos que commande le climat; il n'éprouve pas de besoins impérieux d'activité, et se confie à cette prévoyante nature. Dès lors, peu d'industrie, peu de civilisation.

Mais, à mesure que la science grandit, l'homme brave plus facilement le climat rigoureux; son intelligence, ses facultés sont plus vivement excitées : la terre ne produit que pendant une saison, il faut se pourvoir pour l'autre. L'époque des frimas arrive, il lui faut un vêtement, un abri, un foyer. Dès lors, activité, industrie, progrès.

Si nous jetons un coup d'œil sur les différents pays qui ont tour à tour tenu la tête de la civilisation, nous voyons que tous ont rempli les conditions que nous venons d'indiquer. En premier lieu, les conditions de sol, puis les influences secondaires.

En considérant les premiers berceaux de la civilisation, nous voyons l'Égypte, qui joint à une fertilité merveilleuse une frontière des plus parfaites : elle est enveloppée de mers et de déserts; deux mortes saisons, la sécheresse et l'inondation, obligent l'homme à une certaine prévoyance. Aussi est-ce là que naissent les beaux-arts, l'industrie, l'astronomie. Ensuite nous voyons la civilisation en Chine, en Assyrie, riches régions où elle ne se maintient qu'à la condition d'absorber toutes les contrées qui l'entourent, jusqu'aux peuples incapables de lui nuire. Mais, dans ce dernier pays, les limites sont incertaines. Aussi, n'a-t-il que sa langue, son écriture cunéiforme, ses dogmes, son agriculture, mais il emprunte ses arts, sculpture et architecture, son industrie et sa science la plus avancée, aux Égyptiens, qui seuls ont pu les porter à un si haut degré, à la faveur de leurs frontières naturelles. Dans ce grand fantôme d'état asiatique l'art ne saurait atteindre une véritable perfection : il dégénère plutôt au milieu des guerres et des conquérants.

Ensuite vient la Grèce, favorisée par un bon sol, et fortement défendue par un entourage de mers, d'isthmes et de montagnes. L'homme y trouve donc fertilité, sécurité avec les matériaux et les aptitudes propres à l'art, qui prospère au plus haut degré.

Mais la science, l'industrie, continuent à se développer; elles permettent à la civilisation de porter sa tête de plus en plus vers le nord, en Italie, dans cette péninsule favorisée d'un heureux mélange de sol, défendue par la mer, les Alpes et le Tyrol. Enfin, de nos jours, malgré la puissance qu'a acquise la civilisation dans l'esprit des peuples, nous voyons encore dominer la France, qu'un avantageux mélange de terrains favorise et que protège un bon ensemble de frontières. Un seul point, sa frontière du Rhin, laisse à désirer; c'est aussi de là que lui viennent ses difficultés les plus sérieuses.

L'Angleterre, étroit continent, protégé par une frontière sans pareille, avant l'invention de la vapeur et de la marine cuirassée, a profité de cette position pour porter sa puissance au plus haut degré. Lorsque parmi les causes de cette prospérité, on attribue le principal rôle à ses mines de houille, on n'apprécie pas suffisamment l'énorme avantage qui résulte pour une nation, d'une frontière sûre, bien déterminée, et des richesses accumulées provenant des économies de défense qu'elle réalise et qui se multiplient indéfiniment.

S'il ne s'agissait que des avantages de la houille, la Belgique sous ce rapport est aussi bien partagée qu'un État puisse l'être; elle est même mieux placée que l'Angleterre pour répandre ses produits, puisqu'elle touche aux mers et aux continents. Mais la Belgique n'a ni frontières, ni unité de type, elle n'est pas même une nation.

Nous voyons par cette marche, que la civilisation a toujours prospéré dans les États remplissant les meilleures conditions de sol et de frontières; qu'en second lieu, elle paraît s'être répartie entre ceux-ci, plus au sud, lorsque les moyens industriels faisaient défaut à l'homme pour parer aux intempéries; plus au nord, lorsque ces moyens se sont accrus.

Il est encore un autre résultat des terrains récents, qu'il importe de signaler.

Ces terrains que l'on rencontre dans plusieurs localités de la France, dans le sud-est de l'Angleterre, dans le nord de la Belgique et de l'Allemagne, en Pologne, en Hongrie, etc., ont une tendance à produire des surcroîts de population qui sont déversés dans des régions moins favorisées.

Toutefois il ne faut pas confondre ces résultats d'émigration, avec celui qui se produit en Irlande. Là, il fut d'abord la conséquence de la conquête et de l'expansion anglaise ; il est aujourd'hui le contre-coup d'un gouvernement partial qui est loin de ménager un peuple qu'il ne considère pas comme frère et qui n'a pas les mêmes aptitudes. Ces quelques paroles que nous trouvons dans les journaux de Londres et de Paris des 25 et 26 février 1865, peindront mieux la situation que de longues dissertations : M. Hennessy, membre irlandais de la Chambre des communes, propose d'insérer ce passage dans l'Adresse:

« La Chambre a remarqué avec regret la

diminution de la population de l'Irlande ; elle s'empressera d'appuyer le gouvernement de Sa Majesté dans toute mesure bien avisée tendant à stimuler l'occupation avantageuse des bras des Irlandais. M. Gladstone déclare dans les termes les plus nets, que le gouvernement ne saurait adhérer à la demande de M. Hennessy. » Si ce gouvernement songeait bien à cela : que l'Anglais substitué à l'Irlandais, ne représente qu'une modification temporaire, qui ne changera rien, ni aux types, ni aux aptitudes futures de l'Irlande, peut-être s'acharnerait-il moins contre ce pauvre et malheureux pays !

Nous avons vu sous le titre précédent que selon César et Tacite, des populations gauloises se répandirent sur quelques points de l'Allemagne. Les Boïens qui paraissent sortir des régions situées à l'ouest d'Auxerre, émigrèrent en Bohême. Les Volces Tectosages des environs de Toulouse, ainsi que des Helvètes, peuple de la

Suisse, se répandirent dans les régions situées entre la forêt Noire, le Mein et le Rhin. Tacite nous dit que les Tongriens furent les premiers Germains qui traversèrent le Rhin pour venir s'établir en Belgique dans le pays de Trèves. On sait que depuis, les Germains firent d'autres émigrations et qu'aujourd'hui ils envoient de nombreux colons dans divers pays.

Si nous consultons les documents géologiques, nous voyons que partout, sauf de rares exceptions, ces peuples émigrants sont sortis des régions formées presque exclusivement de terrains récents pour se répandre assez généralement sur des terrains plus anciens.

D'ailleurs, César nous en dit positivement la cause : « En raison de leurs populations surabondantes. »

Nous avons vu de même par la marche générale des peuples que le point de départ correspond à des régions favorisées et celui où ils émigrent à des régions qui le sont moins. Ce qui dit assez que la nécessité est le mobile de ces migrations. Les peuplades qui émigrent ne représentent donc généralement que l'excédant de populations des terrains récents. Ces émigrants, en cherchant une nouvelle patrie, rencontrent une forte résistance sur les points les plus favorables et finissent le plus souvent par s'établir dans des régions disgraciées où l'espace est plus facile à conquérir. Quelquefois seulement, lorsque ces migrations sont très-nombreuses et puissamment organisées, elles peuvent s'emparer de l'ensemble d'un pays et y trouver un sol plus varié.

Après cet examen des principes généraux, il nous reste à jeter un coup d'œil sur les influences auxquelles sont soumis aujourd'hui les principaux États. Ici le sujet devient délicat, il est à- craindre que chacun ne voie que le petit côté de la question, qui peut se trouver en désaccord avec ses vues ou ses projets, sans songer à l'immense bienfait qui doit résulter de l'application générale d'un principe sûr pour guide, principe qui constitue la véritable base de paix entre les gouvernants et les gouvernés comme entre les États eux-mêmes.

Nous espérons cependant qu'on voudra bien remarquer que l'application scientifique des lois de la nature est par essence impartiale, et que ce n'est pas notre faute si l'ambition ou tout autre calcul a poussé des gouvernements à sortir de ces lois. Nous allons d'ailleurs prendre nos exemples chez tous les principaux États. Si en tête, nous ne parlons pas de la France, c'est que son gouvernement actuel semble dans la voie la plus rapprochée des principes que nous exposons; attendu que le principe des nationalités qui lui sert de guide, est l'enfant même de l'influence du sol.

Grâce aux principes qui guident la France, l'heureuse Italie voit ses entraves se rompre; mais d'autres contrées du globe souffrent cruellement. Leurs aptitudes naturelles sont méconnues par des hommes qui malheureusement ne se doutent pas que la nature a des lois imprescriptibles, plus fortes que leurs volontés.

Nous venons déjà de parler de l'Irlande; mais que dire de la pauvre Pologne qui souffre d'autant plus amèrement, que ses limites géologiques avec la Moscovie sont plus vigoureusement tranchées. Les races slaves et lithuaniennes ont avec les Moscovites, leur véritable limite dans la grande ligne géologique qui existe au nord des bassins du Niémen et du Dniéper. En effet, les Slaves qui ont dépassé cette ligne sont en grande partie transformés, abrutis, disent les autres Slaves qui attribuent bénévolement cet effet à la puissance de tels ou tels princes. Heureux princes qui, s'ils ne s'abusent, doivent rire dans leur barbe. Comprendre ces Slaves avec ceux du sud serait une faute qui s'aggraverait progressivement. S'il y a quelque inconvénient à les laisser sous les mêmes lois que les peuples moscovites propres au même sol, il diminuera de plus en plus. Mais il n'en est pas de même au sud de cette grande ligne géologique : les aptitudes et les types propres à cette région sont et demeureront toujours différents de ceux de la Russie ; et, hors des grandes lois de la nature, les projets des hommes ne sont que calamités, témoin les efforts des czars pour faire du peuple polonais des Moscovites. Même nature, mêmes facultés, renaîtront sur un même sol. L'œuvre de destruction ne saurait toujours durer, l'œuvre de reconstitution est éternelle !

La Russie cherchant à soumettre la Boukarie, ne fait que s'attacher un nœud coulant de plus à la main et un fer aux pieds ; car il est évident qu'un sol si différent du sien ne peut donner des aptitudes suffisamment rapprochées, et que les grandes distances qui séparent ces vastes terrains ne permettent aux croisements ni d'amener suffisamment d'unité, ni de la maintenir. Dès lors, ces peuples ne peuvent être régis par les mêmes lois; et dans de telles conditions, faire deux législations, c'est reproduire la division, c'est faire deux États, donc : lutte ou séparation, tel est l'avenir. Tant d'exemples ont déjà donné des preuves de ce principe, que je m'étonne qu'on puisse l'ignorer.

Si en Russie même l'on considère, d'un côté, la grande facilité que ce pays trouve à s'agrandir sur les terrains analogues aux siens, de l'autre, les difficultés parfois prodigieuses qu'il trouve à le faire sur les terrains qui en diffèrent le plus, on aurait déjà une idée de ce résultat; et cette remarque n'est pas particulière à ce pays, bien qu'on en trouve peu d'aussi ambitieux actuellement. Il y a une notable différence à faire entre les vues de la Prusse sur le Holstein et celles de la Russie sur la Pologne. La science est impartiale, elle constate que dans la Prusse, le Danemark et

les Duchés, le sol et par suite les aptitudes
si ce n'est la langue, sont à peu près les
mêmes. Dès lors il ne s'agit pas là d'anomalie; mais seulement de savoir si les
Duchés désirent être gouvernés séparément ou par tel ou tel autre État ayant les
mêmes aptitudes. En Pologne au contraire
il n'y a rien de semblable, il s'agit d'un
peuple ayant une aptitude spéciale bien
déterminée que l'on veut contraindre à
entrer sous les lois et le gouvernement
d'un autre peuple très-différent; ce qui
est plus qu'une anomalie.

La peuplade des Baskirs habitant presque le centre de la Russie, mais qui est
originaire des bonnes régions du Turkestan a encore assez de supériorité sur ses
voisins actuels des mêmes terrains, pour
savoir s'affranchir de tout impôt vis-à-vis
de la Russie, qui n'a guère d'autres ressources à son égard que de lui vendre le sel des
mines de l'État plus qu'il ne vaut. Mais ici
le cas est très-différent des précédents : les

Baskirs sont sur un sol qui doit les unifier de plus en plus avec la Russie.

La Hongrie, dont le sol est récent, joue par rapport à l'Autriche aux terrains généralement plus anciens, un rôle que chacun connaît. Mais ce qu'il y a de plus remarquable, c'est de retrouver l'empreinte de cette influence jusque dans les détails, et d'une manière qui semblerait tout à fait inexplicable si l'influence du sol n'était là pour donner le mot de l'énigme. Ainsi la Transylvanie complétement séparée de l'Autriche, située à l'extrémité orientale de la Hongrie, dont le peuple a la même origine, semblerait devoir être plus facilement entraînée dans le giron de celle-ci que la Croatie qui joint l'Autriche et se trouve pour ainsi dire sous sa main. C'est pourtant le contraire qui a lieu et la nature du sol seule en donne raison. Voici ce qui se passe aujourd'hui même. « La Transylvanie avait fait défection à la cause des nationalités opprimées; le gouvernement autrichien était parvenu à la faire entrer, officiellement du moins, dans le giron de la constitution nouvelle, c'était une grande victoire qu'il avait gagnée sur la Hongrie, il espérait en gagner une autre en détachant des Madgyars, la Croatie elle-même ; mais la conférence croate réunie pour élaborer un projet de lois électorales, a profité de l'occasion qui lui était offerte d'envoyer une adresse à l'empereur François-Joseph, pour proclamer l'*attachement inébranlable des Croates à leurs institutions et à leurs lois nationales* et leur ferme volonté de rester unis à la Hongrie, dont ils partagent le sort depuis des siècles. L'assemblée croate rappelle en même temps à l'empereur, que les confins militaires font partie intégrante du royaume de Croatie, et demande comme un droit le rétablissement du lien antique qui unit la Dalmatie à la Croatie. » Ce résultat est d'autant plus significatif que les membres de cette assemblée de notables avaient été choisis et nommés par l'empereur.

Voilà ce qui certainement paraîtrait paradoxal, si l'on ne considérait que les positions géographiques. Mais consultez la géologie, elle vous dira que cela est tout à fait rationnel, puisque la Transylvanie repose comme l'Autriche sur une grande quantité de terrains anciens ; tandis que la Hongrie, la Croatie et la Dalmatie reposent sur des terrains récents. Quant à la Vénétie, elle a non-seulement son sol récent, mais une autre nationalité très-prononcée ; aussi chacun connaît ses tendances inaltérables.

Aujourd'hui l'Amérique du Nord nous offre un exemple remarquable. Bien que ce pays ait été peuplé par des populations venues de diverses parties du monde, elles commencent à ressentir les influences de leurs nouvelles patries. La partie du sud très-réduite, bloquée, privée de marine et de toute ressource, au moment où commence le conflit qu'elle soutient depuis plus de trois ans, lutte pourtant encore d'une manière remarquable contre la partie nord, beaucoup plus vaste, munie de ressources et en communication libre avec l'extérieur. Quel est donc le secret de cette résistance, voir même de l'antagonisme? Interrogez la géologie, elle vous montrera que le sud jouit d'une magnifique zone de terrains récents, quaternaires et tertiaires. Au contraire dans le nord dominent les terrains primitifs, siluriens et houillers. Ici donc, même principe qu'ailleurs, les habitants des terrains récents luttent pour leur indépendance, ils ne veulent pas être gouvernés par ceux des terrains anciens. Bien entendu nous mettons à part toute espèce de prétextes et de principes qui ne sont pas nés sur ce sol, mais apportés par les immigrations. Quel que soit de nos jours le sort des armes, qui paraît pencher en faveur du nord, en partie parce que le sud est chargé de nègres arriérés, nous osons prédire que dans l'avenir, ce sera le sud qui gouvernera le nord, s'il n'en est séparé.

Nous avons vu la civilisation implanter son drapeau tour à tour dans divers pays de l'est à l'ouest, du sud au nord; mais, ce qu'il y a de très-remarquable, c'est que jamais la tête de la civilisation ne s'est fixée dans d'autres pays que ceux qui présentent les meilleures conditions géologiques. Les influences secondaires se sont bornées à favoriser tantôt l'un, tantôt l'autre de ces pays de prédilection, mais sans en sortir.

Constantinople est certainement une des cités du globe les mieux placées, sous le double rapport géographique et climatérique. Elle relie les continents, ses flottes peuvent venir s'abriter sous ses murs, circuler ou se retrancher dans plusieurs mers dont elle tient les clefs, manœuvrer avec privilége selon le besoin. Sa défense par terre n'est pas moins facile, son climat est

merveilleux, les productions de son territoire souvent abondantes. Que lui manque-
t-il donc ?

Il manque à cette brillante capitale un
sol récent au lieu de reposer sur des terrains siluriens et dévoniens. Il manque
aussi à l'État un sol plus varié, ou plutôt
moins parsemé de montagnes primitives,
élevées, qui entrecoupent ses zones tertiaires en sillons profonds. Nous parlerons ailleurs de la fâcheuse influence sur l'homme,
des montagnes abruptes, dont cet État
se ressent. Disons seulement ici que ces
zones tertiaires et quelques-unes crétacées
sont une bonne condition, mais que sous
l'influence de trop nombreuses montagnes
primitives et des terrains anciens de sa
capitale elles ne peuvent aboutir à donner à ce pays qu'un rang secondaire.

Dès lors, des États peuvent y être fon-
dés par de nombreux conquérants. Un empire puissant peut lui être donné par les
Romains, un peuple des mieux doués na-

turellement peut lui être envoyé par la
vallée de l'Oxus (les Osmanlis), tous ces
avantages ne pourront aboutir à lui donner un premier rang ; cette région dégé-
nérera, tombera comme Troie devant
Agamemnon, comme elle est tombée devant nombre de conquérants.

Oui, que lui manque-t-il à ce pays, à
cette capitale ? il lui manque la seule chose
dont ne saurait se passer le drapeau de la
civilisation , il lui manque un sol plus favorisé où ce drapeau puisse vigoureusement planter ses racines.

Veut-on des preuves de plus de cette
influence du sol ? Regardons ce qui se
passe aujourd'hui : Les Turcs, après avoir
perdu peu à peu les qualités naturelles
qu'ils tenaient de la vallée de l'Oxus, de
l'heureuse Bactriane, et n'avoir pas su se
mettre au niveau intellectuel de l'Europe,
surtout à cause du péché originel de leur
capitale, voient leur influence s'éteindre.
Non-seulement ce peuple ne fait plus

trembler l'occident; mais ses propres provinces se détachent, et, chose des plus remarquables, les régions qui acquièrent leur indépendance sont précisément celles-là, mais celles-là seulement, qui ont de meilleures conditions géologiques que le cœur de la Turquie. Ce sont l'Égypte, la régence de Tunis, la Grèce, les îles Ioniennes, la Moldavie, la Valachie, la Servie!

Ouvrons maintenant une carte géologique, et nous serons frappés d'une chose. Ne dirait-on pas que le cerveau de chaque État ne peut être placé que dans les meilleures conditions géologiques, et que les territoires privilégiés sous ce rapport sont seuls aptes à se suffire?

Encore un exemple: jetons les yeux sur ce vaste État du nord, qui couvre une grande portion du globe dans deux parties du monde; ce vaste empire ne semble-t-il pas vouloir absorber l'Europe? Erreur! il n'absorbera rien de semblable. Ce qui lui manque, à ce colosse dit aux pieds d'argile, c'est précisément de l'argile aux pieds, son sol est trop maigre.

Vienne un choc, comme en Crimée, et malgré la même tactique, les mêmes moyens qu'ils empruntent à l'Europe, les gros bataillons russes, sans vie, sans volonté, sans habile direction, reculeront devant de maigres colonnes de fantassins, intelligents, actifs et perspicaces.

La Russie a beau expatrier les hommes qui ne partagent pas ses vues, et, d'autre part, attirer chez elle à prix d'or les intelligences de l'Europe, ce ne sont pour elle que des points perdus dans l'espace; points que voile, qu'étouffe son orgueilleuse aristocratie, qui mesure l'homme à ses acres de steppes et à l'héritage de quelques grimoires sur un écusson, de ce brevet dispensateur de capacité et de mérite, donné à perpétuité aux dépens des droits de l'homme capable et utile. La descendance d'un homme ne participe de lui à chaque génération successive, que pour

1/2, 1/4, 1/8, 1/16, 1/32, 1/64, 1/128, etc.
Il n'est pas besoin de suivre bien loin une
décroissance aussi rapide pour reconnaître
que toute participation se perd bientôt
complétement sous l'influence du sol et
des variations individuelles. Chaque famille, chaque génération produit, en effet,
des aptitudes sans cesse variées dans les
latitudes de la race. De sorte qu'il n'y a
réellement que la race propre à chaque
pays qui puisse se perpétuer. Un titre héréditaire immuable est donc une fiction
injuste; c'est le hasard, le privilége substitué à la raison[1]. Si un peuple déjà défa-
vorisé par la nature, confie de plus son
administration à des hommes que le hasard et non le choix lui désigne, il en ré-

1. Lorsque certain orateur spécial et titré se frotte
complaisamment les mains après avoir annuellement
lancé ses traits contre nos institutions modernes, lorsqu'au sénat il se fait rappeler à l'ordre et à la raison,
si cela ne suffit pas à lui ouvrir les yeux, il peut
consulter le petit calcul ci-dessus, il lui fera toucher
du doigt la réalité, il lui fera reconnaître que les ré-

sulte une double cause d'infériorité; c'est d'ailleurs en vain qu'un État tenterait de changer les races et les aptitudes d'un des pays qu'il tient sous son joug.

Regardons maintenant ces apparentes anomalies de grands États peu puissants, de moyens et même de petits États très-considérés, très-forts, très-avancés; nous en trouverons la raison, non dans le hasard des destinées, mais dans la force des choses qui régissent l'humanité.

Si des infractions aux grands principes de la nature peuvent être opérées par les souverains ou les États, elles deviennent, comme nous le montrent tant d'exemples, non un avantage pour ces États, mais une charge. Que de guerres, que de troubles, que de malheurs publics, eussent pu être

compenses et les encouragements mérités personnellement sont infiniment plus justes et plus féconds que les titres héréditaires. C'est la justice au lieu du privilége, et quand même il s'y glisserait quelques abus, ils ne peuvent être qu'accidentels, tandis qu'autrement ils sont permanents, perpétuels!

évités, conjurés, avec la connaissance des grandes lois naturelles auxquelles sont soumis les peuples, et par l'application des véritables principes qui doivent les régir! Oui, l'on ne saurait trop se pénétrer de cette grande, de cette suprême règle politique : Hors des grandes lois de la nature, les projets des hommes ne sont que calamités!

# XIX

## PERFECTIONNEMENT DE L'HUMANITÉ.

Ce n'est qu'avec réserve que j'inscris ci-dessus ce titre bien pompeux sous certaines acceptions. Le perfectionnement ne s'est-il pas manifesté jusqu'alors? ne doit-il plus continuer à l'avenir même à notre insu? J'aperçois bien par ci par là quelques moyens de favoriser telle ou telle fraction d'êtres, mais sans améliorer le sol lui-même et la manière dont on en jouit; ce ne serait qu'aux dépens de telle autre fraction, et, dans notre nature, l'égoïsme n'a pas besoin d'être développé ni encouragé.

L'amélioration générale du sol seule profite à tous; mais elle dépend en très-grande partie de la nature elle-même, qui travaille partout et toujours, qui anime des myriades d'êtres, qui couvre sans cesse le sol de végétaux, qui travaille et retravaille, combine, compose et décompose éternellement.

Que pouvons-nous donc faire à côté de ce suprême ouvrier? Peu de chose en comparaison; mais des choses qui nous profitent directement. Il faut, d'une part, choisir avec soin les parties du sol qui doivent nous donner les produits dont nous profitons le plus directement, d'autre part, améliorer partout ces parties du sol qui nous fournissent plus spécialement notre subsistance, il faut les améliorer par beaucoup de produits fécondants également choisis, et qui souvent restent inactifs, que les eaux emportent au fond de la mer, au profit des générations futures. Ces produits leur seront tout aussi profitables et même plus, si on les retient sur les terres émergées, qui ont en définitive le plus de chances de rester dans cet état. D'ailleurs, plus ces matières fécondantes auront produit, se seront transformées souvent, plus elles seront aptes à le faire encore.

Voilà donc deux moyens déjà que la nature laisse à notre disposition et dont il faut profiter. Choisir et améliorer le sol, l'améliorer encore, voilà les meilleurs conseils que l'on puisse donner.

Car, ne l'oublions pas, la répartition des êtres sur les diverses natures de terre, est déjà faite de telle sorte que les avantages et les inconvénients se compensent à peu près. D'ailleurs, il faut des aptitudes variées pour toutes choses et les terrains différents doivent les donner.

Les hommes se pressent, s'entassent sur les terrains récents, où chacun ne peut posséder que d'étroites parcelles, dont le limon détrempé s'attache aux pieds. Au contraire, ils ont plus d'espace sur les terrains anciens, en général montagneux. L'air y est plus sain, le pied plus ferme, l'aspect plus varié. Si les produits y sont moins parfaits, n'est-ce donc pas une compensation?

D'ailleurs les types et par suite les aptitudes ne pouvant se modifier que par une longue suite de générations, le changement sur une seule est insensible. Qui donc, pour si peu de chose, surtout lorsqu'il peut atténuer ce résultat par son travail et ses soins, sera tenté d'abandonner le coteau qui l'a vu naître, le vallon qui a reçu les confidences de ses pensées intimes, la montagne élevée qui lui dit de loin : « Je suis ta compagne, ton amie d'enfance, ma cime est le belvédère qui te fait contempler l'œuvre du Créateur. Si tu t'éloignes, je suis le jalon, le signal qui te rappellera de loin, c'est à ma base que tu trouveras la source limpide, l'ombrage en été, l'abri en hiver? »

N'est-ce donc rien que tout cela, peut-on le sacrifier facilement?

Si chacun de nous entend une voix qui lui crie : « Mon pays est le plus beau de la terre, » il est incontestable qu'elle est beaucoup plus forte chez les montagnards que chez les habitants de la plaine. Il y a, on n'en peut douter, des compensations bien réelles. On ne peut donc que répéter : écoutez, suivez la voix intime qui vous rappelle sur la terre natale. Tout sur cette terre est fait pour vous, vous êtes né pour elle.

Quant à moi, j'ai une prédilection pour les montagnes et les montagnards. J'aime la variété des unes, j'aime la rude franchise des autres. Et si les compensations sont déjà faites, bornons-nous à signaler les écueils qu'il faut éviter; car les terrains pèchent précisément par les deux extrêmes. Empêcher les plus fortes dégénérescences qui abaissent l'espèce humaine par les croisements, c'est encore élever la perfection moyenne de l'humanité.

Dans les plaines, les terrains les plus défavorables à l'homme, sont ceux de dépôts trop récents, dont les débris constituants ont été fournis en grande partie par des régions anciennes. Il faut que ces terrains aient le temps de s'améliorer par une longue suite de productions, de décompositions. Ensuite on trouve dans les terrains récents des parties malsaines, soit par suite de leur trop peu de pente, soit parce qu'elles ont des couches de sous-sol imperméables; telle est la couche argilo-siliceuse nommée *terrain blanc* dans la Dombes et une partie de la Bresse, qui sont peu favorables à l'homme. Cette région même l'est si peu, que seulement pour y mener une vie chétive, y entretenir un corps blême et débile, il faut y être acclimaté. Les étrangers qui viennent s'y établir, courent grand risque de voir leurs jours considérablement abrégés. Les deltas aussi, quoique de formation la plus récente, sont loin d'offrir les terrains les plus favorables.

Lorsque l'on considère les terrains anciens qui appartiennent en général aux pays de montagnes, les meilleures conditions sont les vallées d'alluvion, les moins encaissées, et dont les dépôts ne sont pas trop récents, les plateaux peu tourmentés et les versants des montagnes, lorsqu'ils ne sont pas trop exposés à être ravinés par les eaux ; parce qu'alors la vie et la végétation se produisant et se décomposant sans cesse, les détritus qui en résultent ont amélioré le sol et l'ont rendu plus propre à donner des productions favorables à la vie de l'homme.

Les seuls points où il faut éviter de vivre, ce ne sont pas précisément les endroits où se produisent les ravines, les parties dénudées, car alors il n'y vient rien ou peu de chose ; mais c'est le lieu où sont immédiatement entraînés les produits des désagrégations récentes. Ces désagrégations ne sont encore aptes qu'à donner des êtres analogues à ceux qui appartenaient aux époques géologiques pendant lesquelles ces roches se sont produites, c'est-à-dire des êtres fort arriérés. Elles sont donc impropres à ceux d'un ordre supérieur et surtout à l'homme qui est l'être le plus avancé.

Il faut laisser ce terrain s'améliorer par la production des végétaux et des êtres organisés qui lui conviennent le mieux. Parmi les végétaux qui sont propres à ce sol, il en est même de beaux, tels que le châtaignier et les conifères résineux. Mais l'homme doit se défier de cette végétation qui peut avoir et qui a même souvent son genre de beauté. Il doit chercher à reconnaître si les désagrégations trop récentes ont formé un nouveau sol, ou même se sont mêlées trop abondamment à un terrain plus élaboré.

Ce principe, qui ressort de la grande loi géologique que nous avons développée, est d'ailleurs confirmé d'une manière saisissante par les résultats les plus déplorables, par le crétinisme, qui est le fléau de certaines régions.

Ainsi, le crétinisme se produit dans certaines vallées, en général les plus étroitement et les plus fortement encaissées des Alpes, de l'Auvergne, des Pyrénées, de la Bretagne et d'un grand nombre d'autres régions montagneuses, anciennes et fortement accidentées. Les gouvernements ont en vain nommé des commissions pour reconnaître la cause de ce fléau qui déforme les types, rend stupides les personnes qui en sont atteintes et leur ôte même la faculté de se reproduire. Ces commissions ont fait beaucoup de travaux et de recherches pour en découvrir la cause. Exposition, courant d'air, température, nature des eaux, des terrains et de la végétation, tout a été consulté pour découvrir la cause du mal; rien n'a pu éclairer cette question!

Étaient-ce les produits des terrains primitifs? Mais, disait-on, les terrains primitifs ne sont pas les seuls qui produisent ces
déplorables effets, et sur d'autres points ils
nourrissent des hommes très-sains et même
très-robustes, particulièrement sur les plateaux. Était-ce l'entourage des arbres, le
voisinage d'une pièce d'eau? Alors on se
hâtait d'abattre les arbres pour donner plus
d'air, de faire écouler les eaux. Mais on ne
faisait qu'aggraver la situation ou plutôt
retarder les améliorations du sol, en le
privant de ses principaux éléments de perfection et le crétinisme continuait à se reproduire.

La topographie du crétinisme a pourtant révélé un rapport très-digne d'attention, il fait voir que ce fléau sévit d'une
manière endémique et permanente dans
les vallées étroitement encaissées de montagnes primitives, tandis qu'il ne se produit que d'une manière sporadique et accidentelle, lorsque ces montagnes sont moins

anciennes ; toutes autres conditions égales d'ailleurs : encaissement, profondeur, configuration, vent, exposition, etc.

Il semble qu'un fait de cette nature aurait dû mettre sur la voie de la cause du fléau et même sur celle de la grande loi géologique qui nous éclaire aujourd'hui ; mais nous venons de le dire, ce n'est pas partout que le sol primitif produit ces terribles effets, et il fallait surtout remarquer les faits suivants : les vallées les plus profondément encaissées, reçoivent le plus abondamment les produits des désagrégations récentes que les intempéries détachent des flancs de ces hauts rochers abrupts. De là, le sol le moins élaboré et par conséquent le plus défavorable à l'homme. Lorsque le crétinisme se produit au pied des montagnes moins anciennes, il faut nécessairement une désagrégation plus facile, plus abondante, pour que la quantité, compensant la qualité, le crétinisme atteigne un même degré d'intensité.

Ce fléau est surtout endémique, parce qu'en effet les personnes qui profitent des produits d'un autre sol, doivent moins ressentir le résultat défavorable de cette condition, qui est une transformation, une dégénérescence qui demande plusieurs générations pour arriver à ses effets les plus pernicieux.

Les établissements, les hôpitaux que l'on a construits pour le traitement des crétins n'ont eu et ne pouvaient avoir aucun résultat; car le crétinisme est plutôt une constitution acquise qu'une maladie, et par conséquent il doit suivre la loi des transformations que nous avons développées. Pour y remédier, il faut la jouissance d'une meilleure condition d'existence, dont les effets réparateurs ne peuvent être complets qu'en agissant progressivement sur plusieurs générations.

Le croisement avec des individus bien constitués peut accélérer considérablement le retour d'une population qui a des tendances au crétinisme. Quant aux individus qui en sont complétement atteints, du moment où ils sont impuissants à se reproduire, il n'y a, hélas! rien à faire qu'à les laisser s'éteindre dans leur déplorable stupidité.

Ce fait, que les crétins sont impuissants à se reproduire, montre d'une manière palpable que la transformation des types se produit par une autre influence que celle de l'hérédité. En effet, les crétins s'éteignent sans postérité : malgré cela, il s'en produit sans cesse de nouveaux.

Éviter de vivre d'une manière permanente sur le sol qui produit le crétinisme, voilà le seul remède ou plutôt le seul palliatif contre ses pernicieux effets sur l'homme. Le mieux est de l'abandonner complétement, ou tout au moins d'en tirer des produits autres que ceux qui sont destinés à la nourriture des populations.

Le produit de ces propriétés ne sera pas perdu pour cela, il sera seulement changé, diminué peut-être aux yeux de certaines personnes, car on peut employer ces propriétés en forêts, mais non en pâturages dont les produits reviennent presque directement à l'homme par l'intermédiaire de nos bons ruminants.

De la sorte, les profits pour l'homme ne seront certainement pas diminués. Je dis sans hésiter qu'ils seront améliorés ou décuplés pour les propriétaires et les habitants, décuplés pour l'humanité, et cela, d'autant mieux, qu'ils permettront d'employer en céréales et autres produits destinés à l'homme, l'emplacement de certaines forêts qui occupent des terrains qui leur sont favorables.

Lorsque les terrains qui remplissent les conditions défavorables dont nous venons de parler sont peu importants ou disséminés au milieu d'autres formations favorables à l'homme, leurs effets ne se traduisent pas par le crétinisme, par la raison simple que l'homme ne se nourrit qu'en plus faible partie de leurs produits, que d'ailleurs les croisements du nombre restreint de personnes qui en usent, sont à peu près inévitables avec les habitants de régions mieux favorisées.

A ce sujet, je pourrais citer de simples versants granitiques très-bien exposés au midi, au pied desquels demeurent des habitants qui, d'autre part, confinent à de meilleurs terrains, et qui pourtant se ressentent de cette position. Son influence s'étend aussi aux propriétaires qui jouissent d'une grande aisance; mais qui vivent presque exclusivement des produits de leurs propriétés.

D'un autre côté, on me cita un hameau construit sur les ruines d'un vieux château, que je demande la permission de ne pas nommer, dont les habitants avaient eu de nombreux cas d'infirmités diverses, venant de naissance. Je ne doutai pas que ces habitations ne se trouvassent dans de mauvaises conditions géologiques, et je me rendis dans cette localité pour m'en assurer.

Les ruines de ce château, au milieu desquelles sont dispersées quelques habitations, sont situées sur une petite éminence de sol arrondi, qui est en relief dans une gorge, entre des ravins étroits. Le sol de l'éminence, ainsi que celui de la plus grande partie des versants qui lui font face, est composé d'une roche primitive en décomposition. De plus, on a voulu tirer parti pour la culture des pentes abruptes sur lesquelles reposent les ruines et les habitations. Pour cela on a disposé le sol en gradins au moyen de divers systèmes de soutènement. Ce travail a fortement aidé la décomposition naturelle à mêler au sol des produits tellement défavorables que les habitants en ont été affectés, bien que les produits de cette étroite localité n'entrent que pour une médiocre part dans leur alimentation.

Non loin de là est une sorte de faubourg d'un gros village, qu'on me signala aussi comme renfermant une population souvent affectée d'infirmités ou de défectuosités natives. En traversant cette localité, je reconnus un sol raviné, de même nature que le précédent. En général, les habitants ont aussi des types difformes, et, sur neuf femmes, dont je pus suffisamment voir le cou, six étaient affectées de goître! Si ces localités étaient entourées d'un très-bon pays, il est probable que par suite des mélanges de produits et des croisements assez fréquents, le mauvais effet de ces étroites surfaces de terrain ne pourrait se manifester d'une manière aussi sensible ; mais elles sont situées sur la lisière des régions anciennes du Morvan, qui leur fournissent une population déjà prédisposée.

Nous voyons ainsi que les localités vraiment défavorables à l'homme, n'embrassent pas tous les pays de formation ancienne, mais principalement les points sur lesquels se trouvent les plus fortes désagrégations récentes de roches anciennes.

On sait que le crétinisme est généralement accompagné de goître, que le goître se montre aussi dans des localités où les gens ont un assez beau type, et l'on a admis que cette infirmité était due aux qualités des eaux. Par suite des remarques qui ont été faites, comme de celles que j'ai pu faire personnellement, je crois pouvoir émettre l'avis suivant, sauf plus ample confirmation : Lorsque le goître se montre chez des populations assez bien partagées physiquement, comme cela arrive assez souvent dans les pays de formation jurassique, dont l'humus argileux s'approprie et conserve bien les détritus de ses produits, j'ai lieu de croire qu'il faut attribuer le type au sol favorable qui recouvre la plupart des calcaires durs de cette époque, et le goître aux eaux qui sortent des couches inférieures de ces terrains, ainsi que d'autres couches plus anciennes qu'elles recouvrent.

Remarquons aussi que les hommes distingués appartiennent à tous les pays, bien

que les artistes paraissent naître principalement sur les formations tertiaires, crétacées, et leurs plus analogues ; les époques voisines doivent en effet donner une
plus juste pondérance dans les facultés. Il
n'en est pas de même pour les hautes facultés intellectuelles et les intelligences
spéciales, qu'on trouve dans tous les pays :
elles paraissent naître plus particulièrement du croisement de deux types différents ayant des capacités très-distinctes ;
ces types sont en effet ceux qui doivent
donner par le croisement le plus de variété à leur descendance, et dans la variété se trouve le génie.

Pour revenir à notre question du perfectionnement de l'humanité, résumons-
nous en quelques mots. Il faut :

1° Choisir avec soin les terres dont les
produits sont le plus directement destinés
à l'homme.

2° Recourir à tous les moyens propres à
améliorer ce sol.

3° Boiser avec les essences convenables les terrains dont les produits sont défavorables à l'homme.

4° Déboiser et livrer à une autre culture les forêts qui occupent un sol favorable.

Et si, dans ces deux derniers cas, les particuliers ne comprenaient pas assez leur propre intérêt, ainsi que l'intérêt général, les gouvernements devraient intervenir.

Ces seules précautions faciles à observer ne peuvent moins faire que de produire un très-grand résultat, par l'amélioration d'une part, et surtout en détournant l'effet des mauvaises conditions du sol qui entravent et rabaissent les progrès de l'homme, et mettent à sa charge une notable quantité d'idiots et de personnes défectueuses ou infirmes.

XX

## NOUVELLES CONFIRMATIONS.

A peine un an s'est-il écoulé depuis que
mes mémoires ont été lus devant l'Académie des sciences, que déjà les résultats
d'une mission faite et publiée par ordre de
M. le ministre de l'agriculture, du commerce et des travaux publics par M. Tisserand, vient donner une nouvelle et très-
sérieuse confirmation des principes que
j'ai développés. Pour procéder par ordre,

citons d'abord un court extrait d'un article de M. H. de Parville[1].

« Le voile s'est déchiré. Il ne faut plus seulement d'après M. Trémaux considérer l'action physique du milieu; on négligeait la cause prépondérante, l'action géologique. C'est en définitif le milieu géologique et physique qui fait l'espèce, telle est la loi posée et découverte par le savant voyageur. Elle va accorder tout le monde.

« L'homme le moins parfait appartient aux terrains les plus anciens et subsidiairement aux climats les moins favorisés. Inversement l'homme le plus parfait, appartient au pays qui sur le moindre espace offre la plus grande variété de terrains, en laissant prédominer les plus récents; ajoutons que dans l'application de ce principe il ne faut pas confondre avec le type propre au pays, celui d'une population trop

1. *Constitutionnel* du 20 juillet 1864.

récemment établie pour être complétement transformée.

« Est-ce simple? N'est-ce pas la clef des divergences qui séparent les écoles. Fixité, variabilité, dégénérescence; la formule renferme tous les cas. Allez habiter les terrains modernes.... perfectionnement. Restez en place, fixité; gagnez les régions primitives, dégénérescence. N'est-ce pas l'échelle des naturalistes avec ses échelons franchis par en haut et par en bas?

« Il ne suffit pas d'avancer, il faut prouver; or, sur ce point les arguments de M. Trémaux abondent, nous n'avons que l'embarras du choix.... »

L'année suivante paraît l'ouvrage de M. Tisserand dans lequel il ne prétend nullement être l'auteur de la découverte de la grande loi dont il s'agit. Mais en rendant compte de cet ouvrage, après qu'au moins 70 ou 80 articles de journaux, de revues et de livres ont antérieurement fait connaître mes mémoires sur la transformation des êtres par l'influence du sol, le correspondant de l'*Indépendance belge* (7 mars 1865) semble ignorer ces faits et s'exprime ainsi :

« Les observations de M. Tisserand dégagent une grande loi qui simplifie singulièrement l'étude des races domestiques. Suivant lui, en effet, les animaux se calquent sur le sol sur lequel ils vivent; d'où cette conclusion éminemment pratique que : en connaissant la nature géologique et la nature climatérique d'un pays, il devient facile d'en déduire la taille, la conformation et les aptitudes. Par conséquent on peut aussi *a priori,* déterminer les races qui conviennent le mieux à un pays quelconque, dès l'instant qu'on sait la nature géologique de son relief. »

Je dois d'autant mieux témoigner ma part de gratitude à l'auteur de cet article que l'éclaircissement dont voici quelques passages fut inséré dans le même journal du 13 mars suivant.

« M. Tisserand ne prétend pas être l'auteur de la découverte ; seulement il expose avec soin cette coïncidence des races avec la nature géologique du sol et donne à l'appui des cartes géologiques et de distribution de races, ainsi que des dessins qui représentent les principaux types de ces races.

« Quant à la loi elle-même, elle a été exposée l'année dernière devant l'Académie des sciences dans une série de mémoires présentés par M. Trémaux. Nombre de journaux et de revues ont aussi rendu compte de ce travail, entre autres le *Moniteur* des 22 mars, 5 et 19 avril, 14 juin, 14 et 27 juillet 1864. Le *Constitutionnel* du 20 juillet, etc., etc. Nous en avons nous-même parlé dans notre numéro du 5 janvier dernier.

« Les faits précisés par l'ouvrage de M. Tisserand, constituent donc une confirmation d'autant plus sérieuse de cette grande loi que l'auteur possède toutes les qualités requises pour un bon observateur en pareille matière. »

Maintenant voici un extrait de l'ouvrage publié par M. Tisserand[1].

« Quand on a parcouru et examiné avec soin les pays qui s'étendent le long de l'Océan, de la Manche et de la mer du Nord, depuis la Coruna, extrémité occidentale de l'Espagne, jusqu'à la pointe de Skagen, qui termine la presqu'île jutlandaise dans le Cattégat; quand on a observé la constitution géologique et le climat, le relief et la nature du sol, on ne manque pas d'être frappé des rapports intimes qui unissent toutes les races bovines qui peuplent ces contrées. On reconnaît que, malgré les différences souvent très-grandes qu'isolément elles présentent les unes avec les autres, ces races ont des caractères communs qui permettent de leur assigner une origine commune. Quel a été le berceau de la

______

1. *Études économiques sur le Danemark*, p. 135 et suivantes.

grande famille dont elles ne sont que des membres épars? D'où se sont-elles répandues?

« C'est là un point qu'on ne saurait préciser, et l'histoire ne jette aucune lumière sur cette question. Quoi qu'il en soit, *il est facile de comprendre comment les mêmes animaux sont parvenus à faire des races distinctes.*

« Dispersés sur une immense étendue de côtes, divers rameaux de la grande famille hollandaise se sont trouvés placés dans des conditions très-variées de sol et de climat; ils se sont modifiés naturellement selon ces conditions; ils ont pris des caractères distincts d'abord accidentels, les différences se sont fixées peu à peu, puis elles se sont perpétuées : de là des races!...

« C'est ainsi que sur les collines granitiques de la Bretagne, les animaux ont pris des formes très-fines, une taille très-petite et d'autant plus petite que les conditions de vie étaient plus misérables, trouvant sur les coteaux schisteux et marneux de la Biscaye de meilleures conditions, un peu plus d'abondance, mais avec des alternatives de privation, de misère, la race a acquis un peu plus de taille; mais ses formes sont restées osseuses; tel est encore le cas de la race Gouine, qu'on trouve sur les terres légères et siliceuses des environs de Bayonne, de Bordeaux et de la Rochelle....

« Au delà de la Bretagne, les conditions ne sont plus les mêmes, on arrive au pays des terres fortes, des herbages gras; c'est la Normandie, c'est le Pas–de–Calais, c'est la Flandre; ce sont les polders de la Hollande; aussi les animaux y ont–ils *pris et conservé des caractères tout différents,* entre autres une aptitude très-grande pour la production du lait; ils ont acquis un volume et une taille considérables, *une ampleur toujours en rapport avec la fertilité du terrain;* c'est aussi là que nous voyons cette série non interrompue de races remarquables que l'on désigne tour à tour sous les noms de race cotentine, race flamande, race hollandaise, race frisonne race de Gröningue, race d'Oldembourg....

Dans le Holstein, le Sleswig et le Danemark, *ce sont à peu près les mêmes différences de sol, d'herbages, ce sont aussi les mêmes variétés dans les animaux de l'espèce bovine et ovine;* ici, dans le nord et l'ouest du Jutland, ce sont les terres légères, sablonneuses et pauvres de nos landes de Bordeaux que nous rencontrons, nous y trouvons une race qui correspond à la race gouine; ailleurs (régions orientales du Jutland et l'archipel) les conditions de sol sont meilleures, la race prend plus de taille, des formes plus arrondies; là ce sont des herbages en terre légère, analogues à ceux où prospère la race flamande — nous y voyons une race qui ressemble en tous points à cette dernière et en est comme la copie (race tondern). Dans les alluvions grasses des Marches, les races ont la plus complète analogie avec la grosse race de boucherie des herbages du Cotentin; enfin les luxuriantes prairies des terrains de formation tourbeuse du district de Wilster (Holstein) sont peuplées d'un bétail qui possède la taille et les aptitudes remarquables, pour la production du lait, qu'on rencontre dans les races laitières qui, en Hollande, vivent sur les bords du vieux Rhin; entre Gouda et Rotterdam, et en Frise près de Sneeck, dans les mêmes conditions. Si nous poussons nos investigations plus loin en Norvége, dans les régions granitiques, ce sont toujours les mêmes faits qui se manifestent, les mêmes causes qui produisent les mêmes résultats; *partout l'animal se calque sur le sol qui le nourrit* et semble être comme un reflet de sa configuration et de sa richesse. »

Comme nous l'avons dit, depuis la plus haute antiquité, depuis Hérodote jusqu'à nos jours, on n'a cessé de reconnaître l'influence du sol, mais on ne lui accordait qu'une influence tout à fait secondaire, personne ne s'était aperçu qu'il était le véritable régulateur, le grand moteur des types que les êtres ont successivement pris.

Les agronomes surtout remarquaient cette influence, parce que d'abord chez les animaux domestiques les générations sont plus rapprochées, la croissance plus subite que chez l'homme, en outre ils sont plus directement soumis que l'homme ou les animaux sauvages, au même terrain, quelquefois à la même parcelle, etc. Néanmoins, malgré ces remarques souvent faites, M. Magne, directeur de l'École d'Alfort, l'un de ceux qui accordent le plus d'attention à l'influence du sol, n'en fait pas moins naître les races par croisement.

Ici, dans l'ouvrage que nous venons de citer, le cas est tout différent, non-seulement la véritable cause des modifications est acceptée, constatée à propos des races, mais on avait cru la chose difficile, et, dit M. Tisserand : « *Il est facile* de comprendre comment *les mêmes animaux sont parvenus à former des races distinctes.... leur ampleur est toujours en rapport avec la fertilité du terrain.... les mêmes différences de sol et d'herbages ont aussi les mêmes variétés d'animaux.... Partout l'animal se calque sur le sol qui le nourrit.* »

Notre premier volume, qui touche à sa fin, ayant mis en évidence les passages d'une espèce à l'autre qui se produisent absolument par la même voie que ceux d'une race à l'autre, sauf l'influence des croisements qui cessent d'être possibles après un certain degré de modification, la vérification s'applique de même à tous les degrés de modification que produit successivement la même cause, c'est-à-dire l'influence des terrains; et l'on conçoit parfaitement que les écarts deviennent nécessairement de plus en plus grands lorsque le croisement cesse d'agir et de ramener les êtres à un type moyen.

Ils demeurent entièrement soumis au sol
et aux conditions de vie qui les diversifient.

En présence d'un tel ensemble de faits
de toute nature, appliqués aux sciences
les plus variées comme aux solutions les
plus diverses et le plus longtemps cher-
chées, nous ne pouvons moins faire de
reconnaître que ce résultat prodigieux
est dû non à nos propres efforts, mais à la
vérité même des grandes lois qui nous
guident. Elles sont la source de toutes ces
solutions qui se présentent d'elles-mêmes;
et c'est à elles aussi que nous devons ce
résultat prédit par I. Geoffroy Saint-Hilaire : « Dévoiler le secret de la formation
des espèces, c'est nous rendre maîtres
de la science entière. »

Oui, le voile est enfin déchiré, nous te-
nons le fil d'Ariane ; tout dans la nature
nous dit et nous répète :

« Telles sont les grandes lois qui régissent le monde! »

# XXI

## L'AVENIR.

L'avenir ! qu'on ne s'étonne pas de ce mot. L'avenir est impénétrable, nous dit le poëte. Oui, il est impénétrable pour une multitude de faits et de détails.

Mais si je venais prédire que le rocher qui se détache de la crête élevée, s'arrêtera au pied de la montagne ou au premier obstacle suffisant, que le ruisseau franchira une cavité lorsqu'il en aura rempli la profondeur, je serais cru facilement. Or, c'est une chose de ce genre qu'il s'agit d'examiner, seulement, d'après les lois qui nous occupent, elle semble au premier abord aussi improbable que si l'on disait : le soleil ne paraîtra plus demain sur l'horizon.

J'ai montré que les êtres, depuis leur point de départ le plus infime, jusqu'à l'homme, s'étaient perfectionnés en se transformant tour à tour d'une espèce en une autre. Il s'agit de faire voir maintenant que l'homme s'améliorera sans changer d'espèce, et fera exception à la règle qui a régi et qui régit tous les êtres.

Oui! tout nous montre qu'à l'avenir l'homme doit progresser en donnant naissance à des races nouvelles qui, en se croisant avec le surplus de l'espèce, ne feront qu'élever progressivement ce qui, dans le *genre humain*, pourra conserver ce titre d'*espèce supérieure*, c'est-à-dire de ce qui pourra conserver une fécondité commune et continue. Le surplus s'éteindra, disparaîtra, comme ont disparu et disparaissent encore les populations les plus arriérées, devant la supériorité de leurs voisins. Je dis même que nous avons déjà marché dans cette voie de progrès, sans transformation d'espèce. Les plus anciens restes de l'homme, comparés à ce qu'il est aujourd'hui, le disent, de même que le volume des crânes parisiens qui a acquis dans le cours des siècles une capacité supérieure.

C'est, selon toute apparence, la distance parcourue ainsi qui a fait croire à l'existence d'un règne humain.

La raison de ce changement de marche du progrès pour l'homme est facile à saisir: toutes les plantes, tous les animaux occupent des régions distinctes sur les continents; l'homme seul a conquis une supériorité et des qualités suffisantes pour pouvoir vivre sur toutes les parties du globe.

Aujourd'hui les terres les plus lointaines vont même être réunies par les chemins de fer. Et les océans, au lieu de pré-

senter comme aux temps passés des barrières infranchissables, sont devenus pour
l'homme de grandes routes faciles à par-
courir. Les communications, les rapports
entre tous les peuples qui occupent des
régions favorables du globe sont tellement
multipliés, qu'il serait impossible à une
race humaine jouissant d'un  sol favorable
de s'isoler du reste de l'espèce.

Seulement, quelques peuplades très-mal
partagées, et dont nuls voisins ne convoi-
tent le sol défavorable, peuvent dégénérer.
Il en est même qui l'ont déjà fait au point
de perdre la fécondité continue avec l'espèce mère. Mais alors des espèces formées
par dégénérescence sont incapables de
supplanter les plus favorisées. Elles ne
peuvent que dégénérer encore, s'éteindre
et laisser leur triste héritage à d'autres
populations qui viendront y subir la
même loi.

Des animaux qui n'occupent que certaines parties du globe, qui n'ont pas même

conscience de l'existence d'autres régions, peuvent, doivent parfaitement oublier leurs congénères qui se trouvent suffisamment séparés par des barrières naturelles. Il n'en est pas ainsi de l'homme que son intelligence supérieure rend spéculateur entreprenant. Et, plus les habitants d'une contrée sont favorisés, civilisés, plus aussi ils ont de facilités pour communiquer avec les autres peuples, pour répandre de proche en proche leurs lumières, leur civilisation, et même leur race. Les effets de cette reclusion étant connus, il y a encore d'autres obstacles : les contrées les plus favorables, qui pourraient faire progresser d'une manière extraordinaire une partie de l'espèce humaine, sont, ou trop accessibles aux croisements, ou trop peu importantes pour maintenir leur indépendance.

Les Ouzbecks, qui sont venus les derniers dans la Bactriane, nous montrent assez, en refusant d'accueillir les voyageurs européens, combien ils craignent d'être dépossédés ou même troublés dans leur jouissance. Mais l'armée d'Alexandre, ainsi que d'autres, nous ont montré déjà la route de ce pays. Au point où en est arrivée l'espèce humaine, la difficulté d'isolement s'est encore accrue; il résulte de cela même des obstacles insurmontables à la formation de nouvelles espèces humaines suffisamment tranchées pour n'avoir plus de fécondité continue avec le surplus de l'espèce.

Nous pouvons donc le dire, l'homme embrasse, domine trop complétement la terre pour qu'une race puisse s'isoler dans de bonnes conditions pour devenir espèce. Mais il ne s'ensuit nullement qu'il ne progressera plus.

Si des mouvements géologiques viennent soulever une contrée en même temps qu'une autre s'affaisse; car ces mouvements sont généralement corrélatifs, il y a des perturbations; mais l'humanité y gagne, parce que toutes les localités émergées sont couvertes de couches de limon généralement supérieures à tout ce qui existait antérieurement. Au contraire, les parties submergées offrent des terrains de diverses natures et sont en somme inférieures. Il y a donc dans ces changements avantage pour l'humanité.

D'ailleurs ces mouvements ne paraissent pas offrir les caractères de cataclysmes subits qu'on leur a attribués parce qu'on ne voyait pas comment les espèces avaient pu se former avec des types distincts des précédentes sans une cause de bouleversement. En outre, des enfouissements, qui paraissent avoir surpris des animaux vivants, semblaient justifier ces cataclysmes.

Aujourd'hui, malgré ces nécessités d'explications, la science finit par reconnaître que les mouvements géologiques ont été beaucoup plus lents qu'on ne l'a supposé. On les croit même tellement lents, qu'ils seraient insensibles pour chaque génération. D'ailleurs on comprend que, même dans ces conditions, il doive se présenter accidentellement quelques mouvements subits propres à enfouir des êtres vivants. Une falaise, une faille, dont les crêtes s'écroulent, un lac qui rompt sa barrière, des glaciers en débâcle peuvent très-bien avoir opéré les quelques cas d'enfouissements d'êtres vivants que l'on a pu constater. D'ailleurs les espèces n'ont jamais apparu ou disparu simultanément. Enfin nos lois viennent donner l'explication des phénomènes de distinction d'espèces qui ont fait accueillir ces hypothèses de cataclysmes subits. Nous voyons que ces cataclysmes supposés perdent à la fois la presque totalité des circonstances qui les avaient fait admettre.

Or, si nous devons abandonner ces hypothèses de cataclysmes subits, nous voyons que l'humanité a peu à redouter et beaucoup à gagner à ces changements de niveaux géologiques. La nature ne fait guère que nous échanger de bonnes terres contre d'autres inférieures, et les travaux des hommes, qui ne sont que d'une courte durée

relative, ont le temps de remplir le but
pour lequel ils ont été faits. Lorsqu'on
fonde de nouveaux établissements, on doit
simplement supposer que nos ancêtres
n'ont pas été suffisamment prévoyants en
n'implantant pas ceux qu'on abandonne
dans de meilleures positions. Ce genre de
mouvement a du reste été observé à notre
époque sur différents points du globe. J'ai
vu moi-même une église en ruine à Boscha,
sur les côtes de Caramanie, qui était située
sur des rochers tellement bas que les
moindres vagues venaient déferler sur son
parvis. Tout à côté, on pouvait l'établir
parfaitement à l'abri. Il y a donc toute probabilité qu'un mouvement d'affaissement
s'est opéré sur ce point, depuis la fondation
de cet édifice. Les ruines d'un temple de
la baie de Naples accusent un phénomène
plus remarquable d'abaissement temporaire, puis d'un nouveau soulèvement.
De nos jours, le Danemark est soumis à un
mouvement d'oscillation régulier et con-

stant très-lent, mais appréciable. Ce mouvement se produit en sens inverse de chaque côté d'un axe qui part du Lymfiord (Jutland), passe par les îles de Fionie et de Rugen, et se termine à la côte allemande. Au nord-est de cette ligne, des bancs de sable, de galets et de coquillages, aujourd'hui découverts, montrent les hauteurs différentes où les flots sont venus expirer; des monceaux de débris de pêcheurs sont à dix mètres au-dessus du niveau actuel. Au contraire, au sud-ouest de cette même ligne, le sol est affaissé, et, entre autres témoignages, on trouve sur la côte occidentale du Sleswig de vieux troncs d'arbres encore enracinés dans un sol qui s'est abaissé à quatre mètres au-dessous du niveau de la mer. Les Américains nous signalent aussi un mouvement analogue qui se produit présentement entre la baie d'Hudson et les côtes du Groënland.

Lorsqu'une terre gagne en étendue, elle le fait ordinairement sur la plus grande partie de son pourtour, comme le montre l'aspect de nos cartes géologiques. Il en résulte que les êtres qui profitent de ces nouvelles terres se trouvent fort disséminés, et, en se croisant avec ceux des contrées voisines, ne font que très-faiblement élever la moyenne du type de l'espèce, la répartition se faisant en grande partie à mesure. Si aucune fraction ne peut s'isoler suffisamment, il n'y aura pas mutation d'espèces, mais seulement une faible répartition d'avantages.

On conçoit que dans ces conditions les changements produits sur l'espèce humaine pendant l'espace de trois ou quatre mille ans doivent être peu sensibles, et que d'ailleurs il y aura encore des intermittences par suite des mouvements géologiques qui paraissent eux-mêmes intermittents. Dans ces conditions, les changements survenus pourraient parfaitement n'être pas appréciables au milieu des nombreuses races qui couvrent le globe, surtout lorsque ces races n'offraient pour nous qu'un grimoire indéchiffrable.

Nous sommes bien obligés de reconnaître que nous avons été trop loin dans nos accusations contre la nature. Elle perfectionne sans cesse son œuvre, et si quelques parties des êtres dégénèrent, si l'homme, par exemple, s'éteint dans quelques régions disgraciées, c'est surtout en produisant un moins grand nombre de naissances. Et ce qui montre qu'il trouve certaines compensations dans ces régions, c'est que nulle part ailleurs on ne trouve un plus grand attachement au sol natal.

Loin de nous plaindre de cette voie de création suivie par la nature, par Dieu, reconnaissons que jamais promesse plus sublime ne nous fut faite! Non-seulement tout être organisé est supérieur à la matière, à l'argile, mais plus notre point de départ est bas et infime, plus l'avenir qui nous attend est élevé, sublime.

Ce merveilleux avenir seul est digne de

la divine création qui, d'imperceptibles atomes, fit progressivement l'univers; de plus, il continue la même voie de transformation progressive.

Hommes de science qui scrutez, étudiez la nature sous toutes ses faces, loin de vous disputer, de chercher la contradiction, remarquez qu'il suffit de réunir, d'assembler toutes les œuvres les plus sérieusement élaborées, pour obtenir le plus admirable ensemble. Et parmi ces œuvres, laissons en tête celle qui dit : « Après avoir tiré la terre du néant, séparé la terre et les eaux, fait naître les plantes, donné le jour aux animaux, Dieu fit l'homme du limon de la terre; il se reposa ensuite. » Ce simple énoncé montre quelque chose de prodigieux pour l'époque. A un peuple qui n'avait ni science ni mots pour l'exprimer, que pouvait-on dire de plus et de plus juste? Notre imagination seule a pu se représenter la marche de l'œuvre divine par celle d'un potier qui fabrique son vase d'argile.

Que nous dit aujourd'hui la science la plus profonde? le voici : Les atomes sidéraux, si parfaitement invisibles, impondérables, que pour nous ils sont en effet le néant, après s'être condensés en vapeurs, puis en matières liquides ou solides, se séparèrent selon leur nature et prirent la place qui convenait à chacun de ces états ; la terre et l'eau furent ainsi séparées. Alors, dit encore la Genèse comme la science : « La terre était informe et toute nue, les ténèbres couvraient la surface de l'abîme, l'esprit de Dieu était porté sur les eaux. » C'est en effet là qu'apparurent les premiers êtres organisés, les végétaux, les animaux, en commençant par les plus simples pour arriver aux plus composés. Enfin n'est-ce pas au moyen du limon des couches les plus élaborées que s'accomplit l'être que, seul, on peut appeler l'homme? Alors nous entrons véritablement dans l'époque de l'homme, de l'être qui doit se perfectionner sans changer d'espèce. C'est le repos de la création.

D'ailleurs on a déjà dit, saint Augustin je crois, que les sept jours de la création devaient être considérés comme autant d'époques géologiques. En effet le septième jour, qui est celui du repos de Dieu, du repos de la création d'espèce relative à l'homme, dure depuis son apparition. C'est donc bien d'époques qu'il s'agit, puisqu'il y avait déjà plus d'un jour d'écoulé lorsque ces expressions furent dictées.

L'homme, dans son ignorance et son insuffisance, a toujours rapetissé la divinité en quelque sorte malgré lui, par la tendance qu'il a à lui attribuer des moyens analogues à ceux dont il dispose, son ignorance le mettait dans l'impossibilité de saisir toute l'étendue de la puissance créatrice. Mais à mesure que la science se développe, il reconnaît Dieu de plus en plus grand et puissant.

Dans l'œuvre divine, l'homme ne voyait d'abord que notre globe, accompagné de quelques satellites secondaires destinés à

l'éclairer, ou à égayer la voûte céleste :
Loin de là, notre globe n'est qu'un astre
infime, d'un système solaire qui lui-même
se perd au milieu d'une multitude d'autres systèmes solaires, qui paraissent tour-
billonner autour d'un autre centre ou astre
immense, qui dépasserait en puissance
tout ce que notre imagination a pu se
figurer. Puis, tout cela n'est qu'un atome
dans l'infini! Qu'y a-t-il donc dans cet
infini?

Quoi de plus admirable que cette incom-
mensurable nature, où tout s'enchaîne
tellement bien, qu'il suffit d'un seul acte de
condensation d'atomes, de rien, pour que
des astres immenses, des milliers de soleils,
puis chaque planète, chaque être, animal, végétal ou autre, en découle à son
tour!

Plus nous approfondissons ces choses
sublimes, plus nous voyons grandir l'esprit qui les anime, plus nous voyons
grandir cet esprit, cette essence qui n'a

pour nous ni corps ni figure, ni couleur,
qui meut toutes choses et qui pourtant ne
peut tomber sous nos sens, en un mot :
Dieu.

FIN DE LA PREMIÈRE PARTIE.

# TABLE DES MATIÈRES.

FIN DE LA TABLE DES MATIÈRES.

7881. — IMPRIMERIE GÉNÉRALE DE CH. LAHURE
Rue de Fleurus, 9, à Paris